射流器净水原理与应用

金儒霖　柏　斌　编著

中国建筑工业出版社

图书在版编目（CIP）数据

射流器净水原理与应用 / 金儒霖编著 . —北京：中国
建筑工业出版社，2019. 8
ISBN 978-7-112-23933-7

Ⅰ.①射… Ⅱ.①金… Ⅲ.①射流曝气–净水–技术–
研究 Ⅳ.①TU991. 2

中国版本图书馆 CIP 数据核字（2019）第 131471 号

　　本书是作者团队就几十年从中试到广泛的生产性应用，从设备到工艺的研究工作积累，编著成本书。全书共分 10 章，分别介绍了活性污泥法的供氧与搅拌设备、国内外射流曝气法的发展与应用、MFSJ 射流器的结构及设计、MFSJ 射流器与传质的基本原理、射流曝气器的生化功能与活性污泥特性、异重流混合型射流曝气工艺、浅池式异重流混合型射流曝气系统、射流曝气出水回用于工业及射流器的其他应用、射流曝气器用于厌氧生物处理、合建式淹没安装射流曝气。

　　本书图文并茂、逻辑清晰、理论联系实际，可作为给排水科学与工程专业、环境工程专业及相关专业工程技术人员的工具书，也可以供科研人员参考。

责任编辑：王美玲
责任设计：李志立
责任校对：党　蕾

射流器净水原理与应用

金儒霖　柏　斌　编著

*

中国建筑工业出版社出版、发行（北京海淀三里河路9号）
各地新华书店、建筑书店经销
北京光大印艺文化发展有限公司制版
北京建筑工业印刷厂印刷

*

开本：787×1092毫米　1/16　印张：11½　字数：285千字
2019年9月第一版　　2019年9月第一次印刷
定价：45.00元
ISBN 978-7-112-23933-7
（34100）

前　言

　　1973 年，笔者等开始采用射流器作为供氧、搅拌设备，应用于污水、污泥净化的处理领域，并结合承担的省、部级研究项目，对最佳射流器的选择、结构性能、设计原理、生化与氧化功能、匹配的最佳工艺池型等方面进行了系统的实验研究。在湖北、新疆、山东、江苏、河南、河北等地建成实验研究基地与污水处理厂，择优选用双级单喷射流器，并开发出深池、浅池式异重流混合型射流曝气池工艺，射流厌氧反应器。射流曝气法出水经处理后用于工业洗涤水、煤码头除尘及市政用水，处理规模在数千至数万立方米 / 天。

　　多年来，参加各项实验研究工作的主要成员有章北平教授（华中科技大学）、车武教授（北京建筑大学）、陶涛教授（华中科技大学），刘金星、段泽琪、施秀芳、钟鸣、陈颂源、谢建麟、熊启权、龙学军、解清杰、吴晓晖等同事与历届研究生。

　　2014 年起与海南天鸿市政设计股份有限公司共同开发了 JBR 射流曝气生物膜反应器，立式、卧式合建式淹没安装射流曝气脱氮除磷设备，射流厌氧生物反应器等处理工艺与设备，广泛应用于海南省城市、乡镇的中、小型污水处理厂，参加的主要成员有蒋倍科、曾玉春、盘东龙、唐海典、谢泽宇、吴亚南、段佩怡等。

　　全书共分 10 章，全书由邹玲珍承担电子版输入并参加各阶段的试验及合建式曝气池指示生物相的镜检与图谱编制，插图由吴亚南、段佩怡、马效芳绘制。

　　由于作者水平有限，有错误与不当之处，恳请各界同仁批评指正。

目　录

第1章 活性污泥法的供氧与搅拌设备

活性污泥法是净化生活污水、城市污水、有机工业废水的主要技术，并开创了同步处理有机污染物、脱氮除磷的工艺系统。

活性污泥法的关键技术是供氧及混合搅拌设备的选用。

目前供氧与混合搅拌方式可分为三大类：鼓风曝气法、机械曝气法以及20世纪中期开发的射流曝气法等。

供氧的作用是将空气中的氧气（或纯氧）转移到活性污泥混合液中的活性污泥絮体，供微生物吸收或代谢所需。

搅拌混合的作用是使反应器内的微生物絮体处于悬浮状态，以便使水中的有机污染物与微生物、空气气泡中的氧三者充分接触，互相吸收吸附、传质与代谢，使污水得到净化。

1.1 鼓风曝气法

鼓风曝气法的主要设备是鼓风机输水管道与空气扩散装置。鼓风机的作用是向污水供气；扩散装置的作用是将所供气体分割成微小气泡，以提高气、水、微生物絮体三者之间的接触面积、强化传质与代谢过程，提高氧的利用率。

1.1.1 鼓风曝气系统

鼓风曝气系统由鼓风机、输水管及空气扩散装置等三部分组成。其中，罗茨鼓风机是鼓风曝气法处理污水的常用供气设备，罗茨鼓风机高效节能，使用寿命长，主要缺点是噪声高，电耗较大。

1.1.2 空气扩散装置

空气扩散装置的作用是将所供空气切割成微小气泡。根据被切割成的气泡大小，空气扩散装置可分为微气泡、中气泡、大气泡三种；根据切割方法，空气扩散装置可分为水力剪切、水力冲击与水下空气扩散装置等类型。

1. 微气泡空气扩散装置

又称为多孔性空气扩散装置。用多孔性材料如陶粒、粗瓷等掺以酚醛树脂等胶粘剂，在高温下烧结成扩散板、扩散管或扩散罩等。由鼓风机输送来的空气，被压过扩散装置的孔隙切割成为微小的气泡。氧利用率一般可达10%以上，缺点是气压损失较大，极易堵塞，故送入的空气应预先过滤处理。

我国较普遍采用的微气泡扩散装置有6种：

1）扩散板

呈正方形，尺寸多为 300 mm × 300 mm × 36 mm，如图 1-1 所示。

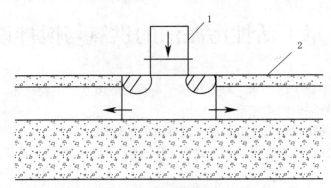

图 1-1　扩散板装置
1—空气管；2—扩散板

扩散板沿曝气池廊道的一侧或两侧布置。安装面积按所需空气量计算决定，一般为曝气池池底面积的 1/15~1/9。

当曝气池水深小于 4.8 m 时，氧利用率为 7%~14%，动力效率为 1.8~2.5 kgO$_2$/(kW·h)。

2）扩散管

扩散管管径为 60~100 mm，长度为 500~600 mm，常以组装形式安装，每 8~12 根管组装成一组，如图 1-2 所示，便于安装、维修。

扩散管的氧利用率为 10%~13%，动力效率约为 2 kgO$_2$/(kW·h)。

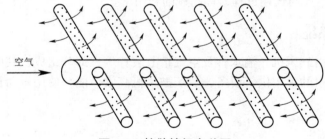

图 1-2　扩散管组安装图

3）固定式平板型微孔空气扩散器

由扩散板、通气螺栓、配气管、三通短管、橡胶密封圈、压盖等组成，如图 1-3 所示。

扩散器的氧利用率 20%~25%，动力效率约为 4~6 kgO$_2$/(kW·h)。

扩散器占曝气池面积系数比例为 6.2%~7.75%

4）固定式钟罩型微孔空气扩散器

我国生产的钟罩型微孔空气扩散器，如图 1-4 所示，其技术参数与平板型基本相同。

5）摇臂式微孔空气扩散器

摇臂式微孔空气扩散器由微孔扩散管、活动臂及提升器三部分所组成，如图 1-5 所示。

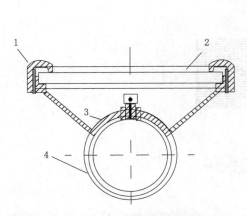

图 1-3 固定式平板型微孔空气扩散器

1—压盖；2—扩散板；3—胶粘剂；4—配气管

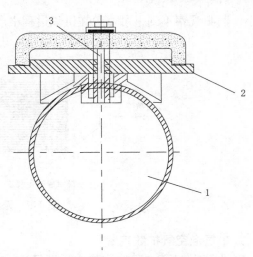

图 1-4 固定式钟罩型微孔空气扩散器

1—配气管；2—扩散盘；3—通气孔

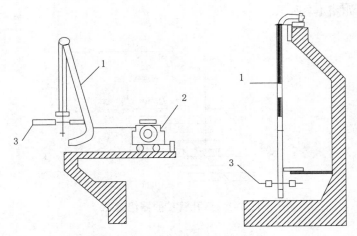

图 1-5 摇臂式微孔空气扩散器

1—活动臂；2—提升器；3—气泡管

　　微孔管直径 70 mm，总长 500 mm，由聚乙烯特别加工制成，微孔孔径 80~120 μm，每个微孔管服务面积为 2 m²，氧利用率为 18%~30%，动力效率可达 4.4~5.4 kgO₂/(kW · h)。

　　活动摇臂就是可以提升的配管系统，微孔扩散管安装在支管上，一般呈栅格状。活动臂的底座固定在池壁上，活动立管伸入池中，支管落在池底部，并由支架支撑。空气扩散器提升机为活动式电动卷扬机，起吊小车可随意移动，将摇臂提起。摇臂式微孔空气扩散器的主要优点是可将微孔管提出清洗，避免被阻塞。

　　6）无泡空气扩散装置

　　无泡空气扩散装置的主体是无泡供氧组件，由透气材料和疏水性中空纤维微孔膜组成。由于膜的孔径小、密度高，气体在膜内被高度分散，形成微气泡，可把氧气直接溶解到水中，因而具有能耗低、曝气效率高和氧利用率高的优点。同时，由于曝气过程中气泡直径微小，肉眼观察不到，可避免在供氧过程中产生泡沫，如图 1-6 所示。

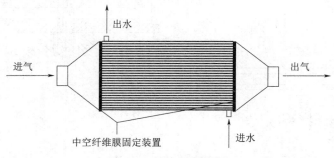

图 1-6　无泡供氧装置

2. 中气泡空气扩散装置

穿孔管由钢管或塑料管制成，管径为 25~50 mm，在管壁两侧向下 45° 开孔。隙缝长度 3~4 mm，间距 50~100 mm，空气由孔眼压出。这种扩散装置构造简单，不易堵塞，阻力小，但氧的利用率低，只有 4%~6%，动力效率亦低，约 1 kgO$_2$/(kW·h)。一般多用于浅层曝气曝气池，如图 1-7 所示。

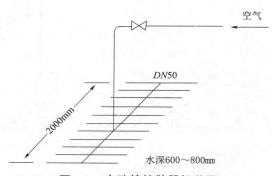

图 1-7　穿孔管扩散器组装图

3. 大气泡空气扩散装置

一般采用竖管曝气，如图 1-8 所示。在曝气池的一侧布置横管分支成梳形的竖管，竖管直径在 15 mm 以上，离池底 150 mm 左右。由于大气泡在上升时形成较强的紊流并能够剧烈地翻动水体，从而加强了气泡液膜层的更新和从大气中吸氧的过程。大气泡空气扩散装置阻力最小，电耗低，不易堵塞，安装方便，但氧的利用率低于 4%，动力效力低于 1 kgO$_2$/(kW·h)。

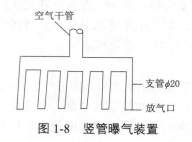

图 1-8　竖管曝气装置

4. 水力剪切空气扩散装置

水力剪切空气扩散装置有倒盆式空气扩散装置、固定螺旋空气扩散装置和金山型空气扩散装置等几种。

1）倒盆式空气扩散装置

倒盆式空气扩散装置由盆形塑料壳体、橡胶板、塑料螺杆及压盖等组成，如图 1-9 所示。空气由上部进气管进入，由盆形壳体和橡胶板间的缝隙向周边喷出，在水力剪切的作用下，空气被剪切成小气泡。停止供气时，橡胶板的回弹力使缝隙自行封口，防止混合液倒灌。

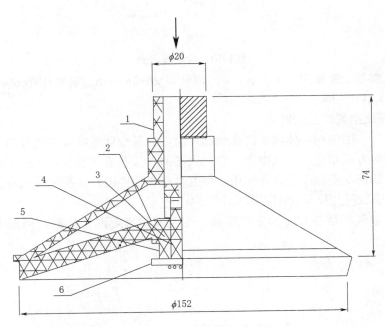

图 1-9 倒盆式空气扩散装置

1—倒盆式塑料壳体；2—橡胶板；3—密封圈；

4—塑料螺杆；5—塑料螺母；6—不锈钢开口销

该扩散器的各项技术参数：服务面积 6 m×2 m，氧利用率为 6.5%~8.8%，动力效率 1.75~2.8 $kgO_2/(kW \cdot h)$，氧总转移系数 K_{La} 为 4.7~15.7 min^{-1}。

2）盆形曝气器

盆形曝气器由下部充气，有 10 个三角形排气孔，空气连续通过三角形小孔被切割成较细气泡；另外在中部出气管座上安设有圆球，充气时圆球被托起，让开出气孔口，当停止充气时，圆球即借自重落入出气孔的管座上，封堵出气孔，从而可防止污泥倒灌和堵塞出气孔。工作时空气沿盆形壳体周边向四周喷出，呈一股喷流旋转上升。由于喷头的特殊形状和结构特点，气泡从形成到逸入水的过程中不断被曝气头剪成小气泡，故充氧能力较强。因有独特的浮球密封结构，使用时不易堵塞，并具有良好的冲击韧性、耐腐蚀性和耐热性，是活性污泥法曝气池和生物接触氧化池理想的曝气装置。装置结构如图 1-10 所示。

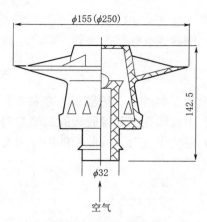

图 1-10　盆形曝气器

主要技术参数：服务面积 $1\sim2\ m^2/$ 个，供气量 $20\sim25\ m^3/h$，氧利用率 $6\%\sim9\%$，动力效率 $1.5\sim2.2\ kgO_2/(kW \cdot h)$。

3）固定螺旋空气扩散装置

由圆形外壳和固定在壳体内部的螺旋叶片组成，每个螺旋叶片的旋转角为 180°，两个相邻叶片的旋转方向相反。空气由布气管从底部的布气孔进入装置内，向上流动，由于壳体内外混合液的密度差，产生提升作用，使混合液在壳体内外不断循环流动。空气泡在上升过程中，被螺旋叶片反复切割，形成小气泡。

固定螺旋空气扩散装置有固定单螺旋、固定双螺旋等两种构造，如图 1-11、图 1-12 所示。

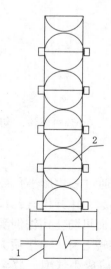

图 1-11　固定式单螺旋空气扩散装置

1—导流筒；2—固定螺旋

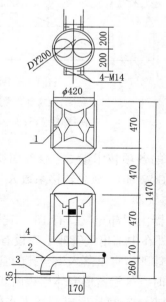

图 1-12　固定式双螺旋空气扩散装置

1—双孔螺旋叶片；2—空气管；

3—排污口 $\phi20$；4—$\phi14$ 空气管（4 根）

主要技术参数：服务面积 $3\sim9\ m^2/$ 个，氧利用率 $7\%\sim11\%$，动力效率 $2.2\sim2.5\ kgO_2/(kW\cdot h)$。

上述各种空气扩散装置的主要性能包括空气利用系数、动力效率、服务面积及优缺点等列于表 1-1。

各类空气扩散装置的主要性能表　　　　　　　　　　　　　　表 1-1

空气扩散装置	氧利用率（%）	动力效率 $[kgO_2/(kWh)]$	服务面积（$m^2/$个）	主要优缺点
1. 微气泡空气扩散装置				
（1）扩散板	7~14	1.8~2.5	铺装面积上，池底面 1/15~1/9	阻力大，易堵塞，氧利用率与动力效率都较低。制作方便、便宜
（2）扩散管	10~13	2.0左右	计算决定	制作与安装方便，氧利用率、动力效率与扩散板接近
（3）固定微孔扩散器	20~25	4~6	0.3~0.75	氧利用率与动力效率较高，制作与安装较麻烦，维修困难
（4）摇臂式微孔扩散器	18~30	4.4~5.45	2	氧利用率与动力效率高，制作较麻烦，易堵塞，维修频率高
2. 中气泡空气扩散器				
（1）穿孔管	4~6	1.0左右	计算决定	氧利用率与动力效率都较低，制作与安装方便，不易堵塞
（2）网状膜空气扩散器	12~15	2.7~3.7	0.5	氧利用率较低，动力效率较高，制作与维护较麻烦，成本较高
3. 大气泡空气扩散器	低于4	低于1.0	计算决定	氧利用率与动力效率均较低，制作与安装方便，不易堵塞，成本较低
4. 水力剪切空气扩散器				
（1）固定螺旋空气扩散器	7.0~11.0	1.5~2.6	3~9	氧利用率与动力效率不高，制作麻烦，安装方便，不易堵塞，成本较高
（2）倒盆式空气扩散器	6.5~8.8	1.75~2.88	2~6	氧利用率与动力效率不高，制作麻烦，阻力小，维修困难，成本较高
（3）盆形扩散器	6~9	1.5~2.2	1~2	氧利用率与动力效率不高，制作麻烦，成本较高

鼓风曝气的噪声污染较大，目前在大型污水处理领域居主导地位。

1.2　机械曝气法

机械曝气装置安装在曝气池水面，主要分为两种：竖轴式曝气叶轮与卧式曝气转刷。

1.2.1　机械曝气的供氧原理

（1）安装在水面的机械曝气装置，在电动机的推动下，搅动水面卷入空气。

（2）由于曝气装置的转动，其后侧形成负压区，吸入部分空气。

1.2.2　机械曝气装置分类

1. 竖轴式机械曝气装置

又称竖轴叶轮曝气器，常用的有泵形、平板形、K 形、倒伞形等。

1）泵形叶轮曝气器

泵形叶轮曝气器由叶片、上平板、上压罩、下压罩、导流锥顶以及进气孔、进水口等部件组成，如图 1-13 所示。

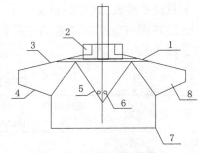

图 1-13　泵形叶轮曝气器

1—上平板；2—进气孔；3—上压罩；4—下压罩；
5—导流锥顶；6—引气孔；7—进水口；8—叶片

2）K 形叶轮曝气器

由后轮盘、叶片、盖板及法兰组成，后轮盘呈流线型，与若干双曲率叶片相交成液流孔道，孔道从始端至末端旋转 90°。后轮盘端部外缘与盖板相接，盖板大于后轮盘和叶片，其外伸部分和各叶片的上部形成压水罩，如图 1-14 所示。

K 形叶轮的最佳运行线速度在 4.0 m/s 左右，浸没度（水面距叶轮出水口上边缘间的距离）为 0~1 cm。叶轮直径与曝气池直径或正方形边长之比为 1：6~1：10。

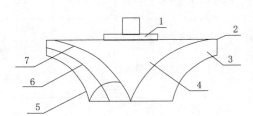

图 1-14　K 形叶轮曝气器结构图

1—法兰；2—盖板；3—叶片；4—后轮盘；
5—后流线；6—中流线；7—前流线

3）倒伞形叶轮曝气器

倒伞形叶轮曝气器由圆锥体及连在其外表面的叶片组成，如图 1-15 所示。叶片的末端在圆锥体底边沿水平伸展出一小段，使叶轮旋转时甩出的水幕与池中水面相接触，扩大了叶轮的充氧、混合作用。为了提高充氧量，某些倒伞形叶轮在锥体上邻近叶片的后部钻有进气孔。

倒伞形叶轮曝气器构造简单，易于加工。倒伞形叶轮转速为 30~60 r/min，动力效率为 2.13~2.4 kgO$_2$/(kW·h)。目前国内最大的倒伞形叶轮直径为 3000 mm，转速为 33.5 r/min，叶轮外缘线速度为 5.25 m/s。

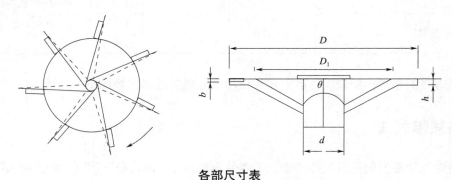

各部尺寸表

D	D_1	d	b	h	θ	叶片数
叶轮直径	0.78D	0.12D	0.05D	0.04D	130°	8

图 1-15　倒伞形叶轮示意图

4）平板形叶轮曝气器

由平板、叶片和法兰构成。叶片与平板半径的角度一般在 0°~25°，最佳角度为 12°。平板形叶轮曝气器构造简单，制造方便，不堵塞。

平板形叶轮曝气器如图 1-16 所示。

2. 卧轴式机械曝气器

1）转刷曝气器

转刷曝气器主要用于氧化沟，它具有负荷调节方便、维护管理容易、动力效率较高等优点。

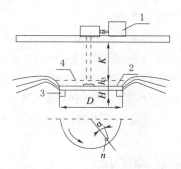

图 1-16　平板形叶轮曝气器构造示意图

1—驱动装置；2—进气孔；3—叶片；4—停转时水位线

转刷曝气器由水平转轴和固定在轴上的叶片所组成，转轴带动叶片转动，搅动水面溅起水花，空气中的氧通过气液界面转移到水中。

图 1-17 所示为转刷曝气器的一种，应用较多，其特点是将位于同一圆周上的转刷叶片用螺栓连接成为一个整体，在螺栓的作用下，转刷叶片紧紧地夹住转轴，并传递转矩。

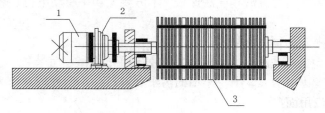

图 1-17　转刷曝气器

1—驱动电机；2—减速器；3—转刷

2）转碟曝气器

转碟曝气器又名曝气转盘，转碟曝气机是氧化沟的专用曝气设备，转碟曝气机由曝气转碟、水平轴、轴承座、柔性联轴器、减速器和电动机构成。转碟由抗腐蚀的玻璃钢或高强度的工程塑料制成，盘片面上有大量规则排列的三角形或梯形凸起物和不穿透小孔（曝气孔），用以增加和提高推进混合的效果与充氧效率。装置结构如图 1-18 所示。

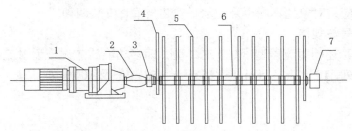

图 1-18　转碟曝气机

1—电机；2—减速器；3—柔性联轴器；

4—防溅板；5—转碟；6—主轴；7—轴承座

主要技术参数：

曝气转碟直径：1400 mm、1500 mm。

转碟曝气机适用转速：50~65 r/min（经济转速 55 r/min）。

曝气转碟最佳浸没深度：400~530 mm（经济浸没深度 510 mm）。

在标准状态下：曝气转碟工作水深 5.2 m，浸没水深 51 cm，转速 55 r/min。

曝气转碟单片标准清水充氧能力：1.85 kgO_2/(h·碟)。

1.3 射流曝气法

射流曝气装置是 20 世纪中期开发应用的曝气装置。

1.3.1 射流曝气装置的主要特点

1. 设备简单，安装方便，噪声极低

射流曝气装置由射流器与潜水泵（或离心泵）组装而成，兼有供氧、切割活性污泥絮体与空气、再生活性污泥以及搅拌混合液等功能。与鼓风曝气法比较，不需要鼓风机、输气管道及空气扩散装置。与机械曝气法比较，不需要大功率驱动电机、减速箱及曝气叶轮、曝气转刷等设备。

2. 适用于大、中、小型污水处理厂

鼓风曝气装置，主要适用于大、中型污水处理厂；机械曝气装置，主要适用于中型污水处理厂。射流曝气适用于大、中、小型的污水处理厂，小型处理规模为 10 m^3/d。

3. 射流曝气法应用面广

射流曝气法的关键设备是射流器与工作水泵。

（1）液—气射流：即以液体为工作液，利用射流产生的负压，抽吸大气，形成液—气射流，用于好氧处理。主要应用于活性污泥法处理污水，水源水的除铁、除锰及自然水体的修复。

（2）液—液射流：即以液体为工作液，利用射流产生的负压，抽吸液体，形成液—液射流，利用射流器的搅拌混合与切割功能。用于污泥厌氧处理，处理高浓度污水的脱氮以及水体底泥的修复与固化。

1.3.2 射流器的安装方法与规格型号

1. 射流器的安装方式

射流器根据应用对象的不同可采用水平安装与垂直安装两种。

2. 射流器型号与规格

本书应用与论述的射流器型号是 MFSJ 型，即多功能旋流混合型射流器，现已研制成的规格有五个系列：10 m^3/h、15 m^3/h、25 m^3/h、50 m^3/h 及 100 m^3/h。

第2章 国内外射流曝气法的发展与应用

2.1 国外射流曝气法的发展与应用

射流曝气的供气与搅拌方法可分为两类：强制供气式与自吸式。美国陶氏（DOW）化学公司于1947年用压缩空气与射流器联合组成强制供气装置，处理化工废水。我国于1973年开始采用加压后的工作流体高速通过射流器时形成负压，吸入空气，进行曝气称自吸式。从严格意义说，前者应称为对撞曝气，可能更加贴切。

2.1.1 美国射流曝气法的发展与应用

1. Powers 专利曝气器和 West Paulson 曝气器

美国陶氏（DOW）化学公司于1947年采用强制供气式射流曝气活性污泥法处理含酚污水，处理规模为18.5万 m³/d，以曝气池的混合液为工作液体，在曝气池底部安装724只Powers专利曝气器，Powers专利曝气器的结构如图2-1所示。曝气器由工作液压水管、压缩空气外套管、布气支管及其端部的水射器、压缩空气支管4部分组成。内管通入加压工作流体；外套管及布气支管通压缩空气，布气支管与水射器的喉管连接。工作流体与压缩空气通过水射器射入曝气池，完成气、液搅拌混合、切割、氧与基质的传质过程。

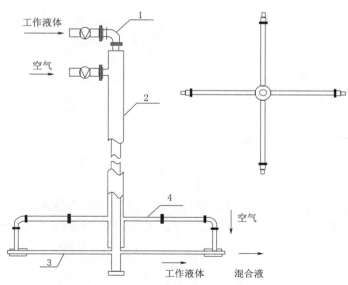

图2-1 Powers专利射流曝气器（强制供气式）

1—工作液压水管；2—压缩空气外套管；

3—布气支管与水射器；4—压缩空气支管

1968 年该公司研究出 West-Paulson 射流器，如图 2-2 所示。该射流器为强制供气式，由压缩空气干管、压缩空气支管、工作液干管、喷嘴、射流器等组成。射流器整体安装于曝气池底部，清水充氧的动力效率为 2.08 kgO₂/（kW·h）。

压缩空气支管与对应的射流曝气器连接，气、液两相在射流器的喉管内完成混合、切割过程后，射入曝气池。

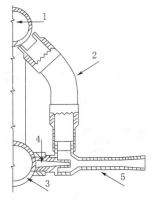

图 2-2　West-Paulson 射流器（强制供气）

1—压缩空气干管；2—压缩空气支管；
3—工作液干管；4—喷嘴；5—射流曝气器

2. Willson 射流器

美国于 1970 年开发出 Willson 强制供气射流器，用于处理糖厂废水。该射流器不设喉管与扩散管，如图 2-3 所示。该射流器能耗较低，搅拌性能好，但氧的传质性能较差。清水实验动力效率为 2.54 kgO₂/（kW·h）。

3. 自吸式液—气—液双级射流曝气器

自吸式液—气—液双级射流曝气器如图 2-4 所示。高压工作液经入流管 1、一级喷嘴 2 喷出后，形成负压，吸入空气，属于自吸式。气液混合液经二级喷嘴 4 射入开口喉管 5，由于液体的黏滞度及高速射流将曝气池中的混合液吸入喉管，并在喉管中进行激烈切割与混合，促进氧与基质的传递。然后经扩散管 6 进一步压缩，形成乳化液后，射入曝气池。

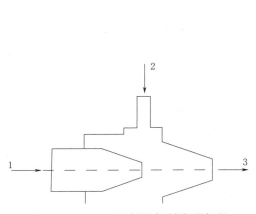

图 2-3　Willson 强制供气射流曝气器

1—工作液喷嘴；2—压缩空气管；3—混合液射出

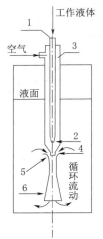

图 2-4　液—气—液双级自吸式曝气器

1—高压工作液入流管；2—一级喷嘴；3—吸入空气管；
4—二级喷嘴；5—开口喉管；6—扩散管

2.1.2　德国

20 世纪 60 年代初期开始，德国有三大化工公司，拜耳（Bayer）、巴斯夫（BASF）和赫司特（Hoechst），以生产各种有机和无机化工产品为主。生产过程中排放的各类废水，采用射流曝气活性污泥法处理。拜耳和赫司特公司采用强制供气射流曝气及高塔射流曝气活性污泥法处理工艺。表2-1列出这三家企业的废水处理规模及处理工艺概况。

三家化工企业废水处理规模与工艺　　　　　表2-1

指　标	拜耳（Bayer）	赫司特（Hoechst）	巴斯夫（Basf）
日处理水量（万 m^3/d）	9（工业） 7（市政）	10（工业）	55（工业） 15（市政）
BOD排放量（t/d）	95（工业） 15（市政）	160（工业）	339（工业） 32（市政）
人口（万人）	1580（工业） 25（市政）	100（工业）	630（工业）
剩余污泥排放量（ m^3 干固体/d）	110	90	320
废水处理工艺	中和→初沉→调节→带式射流曝气活性污泥池→中沉池→表面曝气池→二沉池	中和与混凝池→初沉→塔式射流曝气活性污泥池→二沉池	中和→初沉→氧化沟→表曝池→二沉池
污泥处理工艺	浓缩→热调节→自动板框压滤机脱水→填埋或焚烧	浓缩→混凝剂调节→自动板框压滤机或真空旋转过滤机脱水→填埋	浓缩→混凝→板框压滤机→干燥焚烧
污水处理厂大约投资（亿马克）*	1.95	1.93	2.5

*1993年数据。

该公司开发的射流器性能与结构

拜耳公司研制的强制供气式"狭缝射流器"（Schlitzstrahlea）如图2-5所示。特点是将喷嘴和混合管的圆管形状改为扁而长的狭缝状，狭缝的宽为16mm，断面积相当于直径为24mm的圆面积，混合管始端为直径40mm的圆断面，终端狭缝宽20mm，断面积也相当于直径为40mm的圆面积，混合管的断面面积始终保持不变，只是由开始的圆断面逐步过渡到狭缝形的断面。在面积不变的条件下，射流束的周长增大，强化了射流束中心部分与吸入气体之间的紊动混合，能产生大量的小气泡，提高射流器的充氧动力效率。

赫司特公司研制的强制供气式"径向射流喷嘴"（Radial-Stromdilse），由液体喷嘴、转向锥体和转向盘三部分构成，如图2-6所示。喷嘴直径30mm，转向盘直径1500mm。锥体与转向盘之间有很窄的狭缝，相当于混合管。高速水流自下而上由喷嘴喷出，空气则由上而下压入，两者在狭缝中进行剧烈混合，产生小气泡。这些小气泡随水流经转向盘变为沿径向（水平方向）射出。随着喷射距离的增大，过流面积也相应地成平方关系增大，构成扩散管，使单位体积液体中的小气泡数量逐渐减少，有效地防止了气泡并聚现象。在17m水深的条件下，充氧动力效率达到3.8kg O_2/（kW·h）。

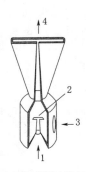

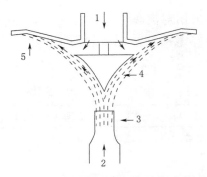

图 2-5　拜耳公司的强制供气式狭缝射流器

1— 加压水管；2—狭缝喷嘴；

3—压缩空气；4—气液混合液

图 2-6　赫司特公司的强制供气式径向射流喷嘴

1—压缩空气；2—工作液压力管；3—喷嘴；

4—转向锥体；5—转向盘

1968 年德国拜耳公司研制了两种强制供气多喷嘴射流器，如图 2-7 所示。每个射流器设 4 个喷嘴，喷嘴直径为 8 mm，每个喷嘴服务面积为 1 m²，动力效率为 1.3 kg O₂/（kW·h）。

1976 年德国研制的自吸式射流器，以曝气池混合液为工作液体，喷嘴外径与吸入室内径比大于 3/4，如图 2-8 所示。

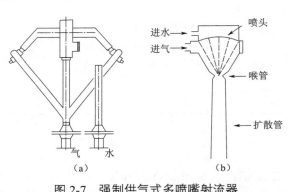

图 2-7　强制供气式多喷嘴射流器

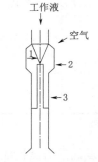

图 2-8　自吸式射流器

1—喷嘴；2—吸入室；3—混合室

2.1.3　波兰

波兰研制的强制供气式气液两相对撞混合曝气器，压缩空气由上压入气体室，工作液由下向上压入液体室，气液两相在接触界面碰撞后，乳化成混合液沿径向喷出，如图 2-9 所示。

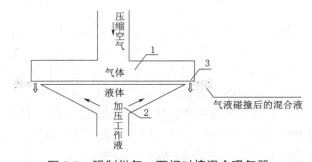

图 2-9　强制供气、两相对撞混合曝气器

1—压缩空气与气体室；2—加压工作液与液体室；3—气液碰撞缝

2.1.4　日本

1976 年日本九州日明污水处理厂采用强制供气深层射流曝气法处理城市污水，规模为 8.44 万 m³/d。处理工艺及射流曝气器如图 2-10 所示。

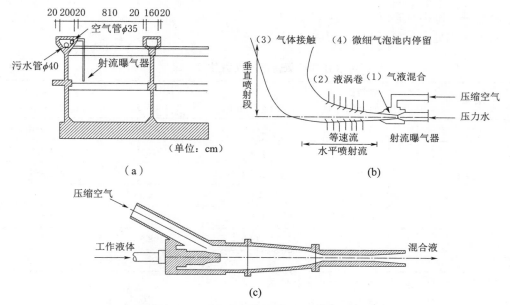

图 2-10　日本九州日明污水处理厂深层射流曝气法工艺及设备

（a）曝气池立面示意图（局部）；（b）射流段工况示意图；（c）射流器构造图

曝气池工艺尺寸：宽 × 深 × 长 =10 m×10 m×76 m，共 2 组，总有效容积 15074 m³，污泥回流比 25%，MLSS 2.95 g/L，曝气时间 4.3 h，BOD_5 负荷 0.26 kg/（kg·d），泥龄 3.5 d，强制供气，气水比 3.6。共安装 192 个射流曝气器，配卧式涡流泵，扬程 H=10 m，流量 Q=17.5 m³/min，功率 N=45 kW，共 4 用 2 备；多级涡流鼓风机 1 台，风量 210 m³/min，风压 52 kPa，功率 N=250 kW。

喷射工况如图 2-10（b）所示。喷嘴射出的气液混合液经水平喷射段，卷吸曝气池中混合液形成涡流；升流成垂直喷射段进一步扩大气液接触面积，延长接触时间。CODcr 与 TOC 去除率为 80%，动力效率 E_p 为 1.957~0.985 kg O_2/(kW·h)。深池各项技术指标列于表 2-2。

日本九州日明污水处理厂经济技术指标　　　　　　　　　　表 2-2

时间	总动力 （kW·h/d）		处理单位水量耗电 （kW·h/m³）	去除每公斤 BOD 耗电 [kW·h/（kg·BOD）]
冬季	鼓风机 2500		0.150	1.264
	涡流水泵 4400			
夏季 I	鼓风机 2778		0.073	1.362
	工作水泵 2251			
夏季 II	鼓风机 2680		0.072	1.086
	工作水泵 2194			

射流器净水原理与应用

氧动力效率：氧气的转移速度及所用动力之比称氧转移动力效率 E_p，单位 kg O₂/（kW·h）。

$$E_p = \frac{N_c}{L}$$ （2-1）

式中　L——所消耗的动力，kW；

N_c——每小时充氧量，kg O₂/h。

日明污水处理厂氧转移的动力效率见表 2-3。

日明污水处理厂氧转移的动力效率　　　　表 2-3

项目		空气量 [m³/（m³·h）]	N_c （kg O₂/h）	L （kW）	E_p [kg O₂/（kW·h）]
深层池	冬季	0.381	281.9	287.5	0.980
	夏季Ⅰ	0.381	378.7	209.5	1.808
	夏季Ⅱ	0.368	397.4	203.1	1.957
原有池	冬季	0.027	340.1	244.5	1.390
	夏季Ⅰ	0.986	445.1	289.1	1.540
	夏季Ⅱ	1.026	443.9	298.5	1.487
公认的氧转移值		—			1.5~0.6

稳定运转时的运行参数与处理效果见表 2-4。

日明污水处理厂稳定运行转时的测定数据　　　表 2-4

项目	冬季			夏季Ⅰ			夏季Ⅱ		
	原水	深池处理水	去除率（%）	原水	深池处理水	去除率（%）	原水	深池处理水	去除率（%）
水温（℃）	11.7	12.4		23.2	24.0		26.0	26.2	
pH	7.6	7.05		7.55	7.30		7.40	7.35	
透明度（cm）		50			75			100	
SS（mg/L）	81	7	91.4	33	6.5	80.3	43	3.6	91.6
BOD（mg/L）	114	34.1	70.1	56.7	12.7	77.6	60.3	9.6	84.1
COD$_{Cr}$（mg/L）	176	33.9	80.7	100.3	32.2	67.9	102.0	25.0	75.5
NH$_4$-N（mg/L）	24.0	13.5	43.8	16.6	11.1	33.1	14.0	11.7	16.4
NO$_2$-N（mg/L）	0.114	0.403		0.26	0.904		0.044	0.74	
NO$_3$-N（mg/L）	0.275	12.8		0.17	2.85		0.065	2.04	
TOC（mg/L）	50.6	10.6	79.1	34.4	10.7	68.9	34.6	10.1	70.8
处理水量（m³/d）		46000			69169			67372	
BOD容积负荷 [kg/（m³·d）]		0.34			0.28			0.31	
污泥负荷 [kg/（kg·d）]		0.28			0.47			0.44	

2.1.5 各国射流器充氧动力效率汇总

国外射流器的充氧动力效率见表 2-5。

<table>
<tr><td colspan="3">国外所用射流器充氧动力效率表</td><td>表 2-5</td></tr>
<tr><th>射流式型号</th><th>供气方式</th><th colspan="2">动力效率 [kg O$_2$/ (kW·h)]</th></tr>
<tr><td>美国 West-Paulson 射流器</td><td>强制供气</td><td colspan="2">2.08</td></tr>
<tr><td>美国 Willson 射流器</td><td>强制供气</td><td colspan="2">2.54</td></tr>
<tr><td>德国赫司特径向射流器</td><td>强制供气</td><td colspan="2">3.8</td></tr>
<tr><td>德国拜耳公司多喷嘴射流器</td><td>强制供气</td><td colspan="2">1.3~2.95</td></tr>
<tr><td>日本九州日明</td><td>强制供气</td><td colspan="2">1.957（夏）~0.985（冬）</td></tr>
</table>

2.2 国内射流曝气法的发展与应用

2.2.1 双级单喷射流器的研发与应用

国内用射流曝气法处理污水的研究工作始于 1973 年，由湖北轻工业研究所与原湖北建筑工业学院（1978 年更名为武汉建筑材料工业学院，1981 年国务院批准恢复和重建武汉城市建设学院，2000 年与华中理工大学、同济医科大学合并成立华中科技大学）等单位进行了自吸式射流器清水充氧实验研究。实验在原武汉水利电力学院（现武汉大学）进行。

采用的射流器构造为双级单喷射流曝气器（图 2-4），进行清水充氧实验。在工作压力为 0.08 MPa 的条件下，充氧动力效率为 2.08 kg O$_2$/(kW·h)，并在安陆印染厂污水处理厂投入生产应用，处理规模为 5000 m^3/d，同年通过湖北省科委鉴定，获省科技成果二等奖。

1980 年原武汉建筑材料工业学院，承担了原国家城建总局的重点科研项目——异重流混合型射流曝气活性污泥法处理城市污水。研究基地建在乌鲁木齐市四宫，规模为 5000 m^3/d，1982 年秋经原国家城乡建设环境保护部组织专家鉴定，鉴定结论："1. 实验报告提出的主要数据与临时测试小组的抽查结果，基本接近。2. 射流曝气具有氧的利用率高，曝气时间短，污泥负荷高，污泥沉降性能好，耐冲击负荷，处理效果高的特点，可扩大为城市污水中小型生产性工程。3. 异重流混合型射流曝气，工作压力低，池深较深，能充分利用池型，改善了污水搅拌混合，电耗省，用地少，寒冷季节的池温降得少，适用于低温地区。4. 对射流曝气的水力动力学、生化动力学作了一些初步探讨，对二沉池的水力动力学也作了探讨，有助于进一步对射流曝气机理的研究。"该成果于 1983 年由原城乡建设环境保护部科技局推广应用于秦皇岛 4 万 m^3/d 城市污水处理厂，并在新疆维吾尔自治区 10 多个市、县推广应用，规模为 5000~10000 m^3/d。

1982 年武汉城建学院承担了原城乡建设环境保护部"青岛城市污水回用于工业"的研究项目，规模为 5000 m^3/d，处理流程为调节池—合建式完全混合型射流曝气池—混合反应器—混凝沉淀池—计量堰—消毒池，于 1984 年，由原城乡建设环境保护部组织专家鉴定，鉴定结论："经处理后的城市污水，成功地用于青岛第二海水养殖场的海藻工业制品的洗涤以及建筑工地等，这在我国是第一次，其经验将为北方缺水地区提供借鉴。"

1987 年原城乡建设环境保护部推荐，采用异重流混合型射流曝气法（浅池式型），由华北市政工程设计院设计，建成 4 万 m³/d 规模的城市污水处理厂。

1998 年开始，武汉城建学院在武汉水质净化厂，采用射流器搅拌法进行射流厌氧生物反应器处理污水，处理流程为：细格栅—沉砂池—初沉池—格网—厌氧射流反应器—出水管—剩余污泥经浓缩池—机械脱水机房—泥饼外运。

厌氧射流反应器采用双级单喷嘴射流器，淹没安装于反应器中，作为液—液搅拌机使用，以提高厌氧反应器的混合、传质与反应过程。

2014 年以来，海南天鸿市政设计股份有限公司用双级单喷射流器作为供氧与搅拌设备加挂生物膜，利用 A/O 与 A²/O 工艺研发出合建式淹没安装射流曝气活性污泥法和射流厌氧反应器，处理城市污水和高浓度养殖污水，污水处理设备及组装式污水处理厂，处理规模 25~6000 m³/d，在海南省广泛推广应用。上述各项研究与生产应用情况，将在本书各章详细叙述。

2.2.2　研发的推广与深入

1975 年，西安市污水处理厂用射流曝气法处理城市污水，规模为 85 m³/d，取得了成功。1978 年以来，同济大学、北京市政设计院、上海城建局、清华大学、北京建工学院等单位，采用各种不同结构射流曝气器并对射流曝气活性污泥法处理污水做了系统深入的研究工作，取得了一批研究成果，促进了射流曝气活性污泥工艺的推广与应用。图 2-11 所示是国内应用较广的射流器，属自吸、单级单喷嘴射流器。

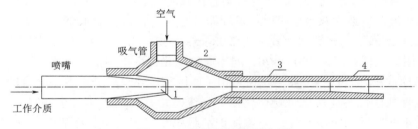

图 2-11　单级单喷嘴射流器

1—喷嘴；2—吸气室；3—混合管；4—扩散管

该射流器由喷嘴 1、吸气室 2、混合管 3（又称喉管）、扩散管 4 组成，动力效率一般为 1.4~2.0 kg O₂/(kW·h)。

1979~1980 年，上海市城建局与同济大学在上海地区用射流曝气法处理城市污水。处理规模 36~75 m³/d，所用射流器如图 2-12 所示，运行结果见表 2-6。

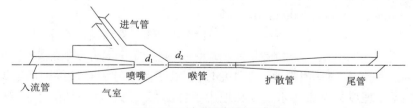

图 2-12　射流曝气器示意图

射流器喷嘴直 d_1=0.8 cm，喉管直径 d_2=1.38 cm，面积比 m=3.0，实验结果见表2-6。

上海市城建局与同济大学的射流曝气法运行结果表 表2-6

供气方式	气水比	回流比	曝气时间（h）	BOD₅污泥负荷 [kg/(kg·d)]	BOD₅污泥容积负荷 [kg/(m³d)]	理论电耗（kW·h/m³）	理论电耗 kW·h/(kg BOD₅)	BOD₅去除率（%）	COD去除率（%）
强制供气	4:1	0.42	1.49	2	0.78	0.104	0.76	92	84
自吸式	2.5:1	3.2	0.7	6.8	1.5	0.086	0.63	83	65

曝气池的混合液浓度为 2.56 kg/m³，排泥量为 0.476 m³/d（排泥浓度为 6.83 kg/m³），污泥产率系数为 0.86 kgSS/（kg BOD₅）。较 Voloo 提供的污泥产率系数 0.92~0.93 kgSS/（kg BOD₅）要少。在处理规模与处理程度相同的条件下，射流曝气法曝气池容积是鼓风曝气池容积的 1/2.7~6.1，占地面积为 1/2.3~6.4。

北京建工学院采用了不同尺寸自吸式射流器，如图 2-13 所示。

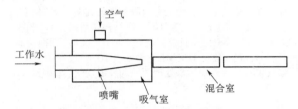

图 2-13 北京建工学院自吸式射流曝气器构造示意图

在尺寸为 1.6 m×1.6 m×7.0 m 清水池中实验，得出射流器最佳结构比及动力效率为：

$$面积比\ m = \frac{喉管面积}{喷嘴面积} = 7.16~0.148\,d$$

喉管长径比 $L:D$ 为：$L=$（90~120）D

工作压力 P=1.0 kg/cm²。

氧总转移系数 K_{La}=0.16~0.18 min⁻¹，充氧动力效率 E_p=1.35 kg O₂/(kW·h)，氧利用率 η 为 20%~25%。

式中 d——喷嘴直径，m；

L——喉管长度，m；

D——喉管直径，m。

上述各式适用于喷嘴直径 d=14~30 mm 的自吸式射流曝气器。

由于射流曝气法处理污水，具有诸多优点，因此引起国内各有关单位的注意，对不同形式不同结构参数的射流曝气器对清水充氧的氧转移系数、动力效率开展了深入研究，并用于处理城市污水、造纸废水、印染废水、化工废水、屠宰废水等取得了成功。

2.2.3 射流曝气器结构与性能的主要技术参数

1. 结构的主要参数

面积比：射流器的喉管面积与喷嘴面积之比，用 m 表示；

长径比：射流器的喉管长度与直径之比，用 $L:D$ 表示；

喉嘴距：喷嘴出口至喉管进口的距离。

各单位对射流器最佳结构参数的研究结果列于表 2-7。

各单位对射流器最佳结构参数的研究结果　　　　表 2-7

最佳面积比值 m	5.42[1]	4.69[2]	4.0[3]	3.69[4]	3.06[5]	2.33[6]	2.56[7]	4.9[8]	3.2[9]	6.42[10]
最佳长径比 $L:D$	6~8[11]	4~10[12]	10[3]				11.5[7]	5.0[8]	6.2[9]	13.1[10]
最佳喉嘴距	$(1\sim2)d_0$[11]	$(0.5\text{-}2)d_0$[12]	$0.2d_0$[3]							

[1] 尚海涛. 自吸式空心环流射流曝气器充氧性能研究（二）[D]. 西安：西安建筑科技大学，2000.
[2] 吴世海. 射流自吸式增氧机 [J]. 农业机械学报，2007，38（4）：88-92.
[3] 周建来，邱白晶，郑铭. 双侧吸气射流增氧机的增氧性能试验 [J]. 农业机械学报，2008(8)：70-73.
[4] 庞云芝，李秀金. 水—空气引射式冰下深水增氧机的设计与性能研究 [J]. 农业工程学报，2003，19（3）：112-115.
[5] 李天璟，高廷耀，赵俊英. 联邦德国三大化工公司的废水生物处理 [J]. 化工环境，1988，8（6）:345-347.
[6] 贾惠文，曹广斌，蒋树义等. 基于 Fluent 的射流式增氧机增氧装置的数值模拟及试验研究 [J]. 大连海洋大学学报，2011，26（3）：70-73.
[7] 李鹏鹏. 自吸式三支管射流曝气器数值模拟及试验研究 [D]. 杭州：浙江理工大学，2014.
[8] 江帆，陈维平，李元元. 基于射流与两相流的射流曝气器研究 [J]. 流体机械，2005：33（6）.
[9] 田杰，李少波，冯景伟. 基于 CFD 的射流曝气器关键结构参数研究 [J]. 机械工程师，2011(8).
[10] 史鸿乐. 自吸式射流曝气与鼓风曝气综合性能对比研究 [D]. 成都：西南交通大学，2005.
[11] 金儒霖. 射流曝气法研究 [J]. 武汉建材学院学报，1981（1）.
[12] 王亮，乔寿锁. 射流曝气技术及装置在污水处理领域的发展现状 [J]. 中国环境产业，2005（2）.

扩散管长度

$$L=13.5\,(d_d-d_t)$$

式中　d_d——扩散管出口直径，mm；
　　　d_t——扩散管始端（即喉管）直径，mm。

扩散角 4°~10° 时的阻力系数最小，吸气室与喉管连接的收缩角宜为 13°~120°。

吸气室面积为（6~10）倍喷嘴面积。

以上所引的射流曝气器均属自吸式，由于应用的对象不同，所得的最佳参数差别也较大，如最佳面积比处于 2.33~6.42，最佳长径比处于 4~13.1，最佳喉嘴距（以喷嘴直径为 10 mm 为例）0.5~2.0。

2. 自吸式射流器的主要技术参数（详见第 4 章）

3. 射流器安装方式

射流器的安装方式有 4 种：

（1）淹没式安装：射流器喷嘴置于曝气池水面下一定深度。

（2）低位安装：射流器的扩散管出口位于曝气池水面以下 0.2~2 m 处。

（3）高位安装：扩散管出口断面高于曝气池水面 8 m 以上。

不同安装方式对射流器的充氧动力效率有很大不同，研究表明：高位安装的吸气量虽比低位安装的吸气量多 30%，但高位安装受到空间位置的影响，且工作水泵的扬程也需相应提高，故高位安装的动力效率最低，低位安装的动力效率比高位安装的动力效率高 30% 以上；淹没式安装的动力效率与氧的利用率最高，高于低位安装 20%~25%。

（4）垂直安装与水平安装：根据污水处理设备的池型构造，好氧或厌氧处理，充氧或搅拌的功能，湖泊水体的底泥修复等的需要，射流器可垂直安装或水平安装。

各单位提供的自吸式射流曝气有关技术参数见表2-8，供参阅。

不同单位提供的射流曝气技术经济参数表　　　　表2-8

充氧能力 Q_S[kg O_2/(m^3 · h)]	0.2228[1]	3.0~3.5[2]	0.0322[3]			
充氧动力效率 E_P[kg O_2/(kW · h)]	3.373[1]	2.1~2.81[2]	635[3]	1.8~2.02[3]	2.95[3]	6.4[3]
氧利用率 E_A（%）	24.13[1]	25~30[2]	22.55[3]	7.7[3]		30~45[3]
K_{La}（ min^{-1} ）	0.429[1]		0.394[3]			

① 史鸿乐 . 自吸式射流曝气与鼓风曝气综合性能对比研究 [D]. 成都：西南交通大学，2005.
② 贾惠文，曹广斌，蒋数义等 . 基于 Fluent 的射流式增氧机增氧装置的数值模拟及试验研究 [J]. 大连海洋大学学报，2011,26（3）：70-73.
③ 陈剑 . 射流曝气反应器运行特性及除污效能研究 [D]. 扬州：扬州大学，2011.

2.2.4　射流曝气法的生产应用

1. 射流曝气法处理造纸废水

国内用射流曝气法（均属强制供气）处理造纸废水，如浙江省某造纸工业园区 38 家造纸厂。该区造纸原料为废纸，处理规模 15 万 m^3/d，其中造纸废水占96%，生活污水占4%，混合污水水质 COD_{Cr} 831~1071 mg/L，BOD_5 267~344 mg/L，SS 584~776 mg/L，NH_4-N 40 mg/L，TP 0.23 mg/L，处理工艺流程如图 2-14 所示。

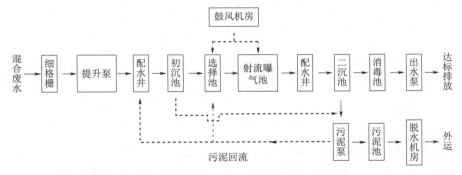

图 2-14　工艺流程

其中，选择池为圆形好氧生物池，池径 24.2 m，有效容积 3448 m^3，水力停留时间 33 min，装强制供气射流器 4 套，总供氧能力 807 kg/h。

射流曝气池 4 座，单池直径 56 m，有效容积 67232 m^3，水力停留时间 11.82 h，设计 BOD_5 负荷为 0.076 kg/（kg · d），单池装射流器 2 套，总供氧能力为 472 kg/h。

鼓风机用多级离心鼓风机 4 台，3 用 1 备，单台参数为 Q=197 m^3/min，H=70 kPa，N=315 kW。

采用的射流曝气器用玻璃钢制成，结构简单，强度高，无堵塞，不会老化与破损，运行稳定。

处理成本为 0.45 元 /t。

运行结果表明，采用射流曝气法处理造纸废水，耐冲击负荷，运行稳定，成本低，操作管理方便，出水能达标排放。

山东省滨州市某造纸厂，用射流曝气法处理造纸废水，处理规模 23775 m³/d，其中造纸废水占 83.2%，生活污水占 16.8%。曝气池有效容积 12340 m³。

据统计 1987~2001 年国内已建成的具有代表性的制浆造纸废水处理工程，采用射流曝气法处理的列于表 2-9。

采用射流曝气法处理制浆造纸废水的企业　　　表 2-9

	企业名	处理规模（万 m³/d）	生化处理方法	曝气方式	建成时间	生产浆种
1	云南思茅	2.0	选择器活性污泥法	射流曝气	1997年	漂白硫酸盐竹浆
2	东营华泰	4.0	选择器活性污泥法	射流曝气	1998年	漂白碱法草浆
3	镇江金河	2.5	选择器活性污泥法	射流曝气	1998年	漂白硫酸盐草浆
4	山东龙口	1.5	选择器活性污泥法	射流曝气	1998年	漂白碱法草浆
5	太阳二期	2.0	选择器活性污泥法	射流曝气	2000年	漂白碱法草浆
6	江门甘化	2.5	选择器活性污泥法	射流曝气	2001年	蔗渣浆

对造纸企业所采用的 4 种曝气方式的技术经济指标进行比较统计，结果见表 2-10。

造纸制浆废水采用的 4 种曝气方式的技术经济指标比较表　　　表 2-10

	曝气方式	氧利用率（%）	清水动力效率 [kg O₂/(kWh)]	充氧修正系数 α	实际动力效率 [kg O₂/(kWh)]	搅拌效果	使用维护
1	微孔扩散器曝气（鼓风式）	25~30	3.4~4.2	0.5~0.7	1.7~2.9	较差	麻烦
2	射流曝气	25~30	3.0~3.5	0.85~0.95	2.1~2.8	最好	方便
3	表曝	—	2.0~3.5	0.85~0.95	1.7~2.8	较差	方便
4	潜入曝气（鼓风式）	—	2.0~2.5	0.7~0.85	1.4~2.1	较好	方便

比较结果认为：清水动力效率以微孔曝气法最高，为 3.4~4.2 kg O₂/(kW·h)，但由于污水中存在杂质，特别是表面活性剂含量较高，如短链脂肪酸和乙醇等。这些物质属两性分子，容易聚集在气、液界面，阻碍氧分子的扩散转移，因此充氧的修正系数较低，为 0.5~0.7，实际动力效率为 1.7~2.9 kg O₂/(kW·h)，与射流曝气的实际动力效率 2.1~2.8 kg O₂/(kW·h) 接近。从表中所列 6 项指标综合比较看，以射流曝气法为最佳。

福建某制浆造纸企业，用木片磨木浆及粘纤浆粕制浆，用 AO 工艺强制供气式射流曝气法处理造纸废水。处理工艺流程如图 2-15 所示。

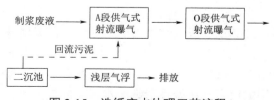

图 2-15　造纸废水处理工艺流程

进、出水水质见表 2-11。

某造纸废水原水与处理水水质表

表 2-11

项目	COD（mg/L）	BOD₅（mg/L）	SS（mg/L）	COD（mg/L）	pH
原废水	1108	386	186	275	6~9
处理水	86	5	10	20	6~9
处理效果 η	92.2%	98.7%	94.6%		

最终出水水质达到《制浆造纸工业水污染物排放标准》GB 3544—2008 要求。

该厂的处理规模 2.5 万 m³/d。选择池尺寸长 10 m，宽 8 m，深 11 m，有效容积 850 m³，选择池内置于曝气池，有效水深 10.5 m，设计污泥负荷为 1.0 kgCOD/(kgVSS·d)，内设一套 MTS 射流曝气系统，潜水泵流量 =1164 m³/h，扬程 =54 kPa，功率 =30 kW。射流器工作原理图，如图 2-16 所示。

曝气池尺寸为长 40 m，宽 41 m，深 11 m，有效容积为 17220 m³，有效水深为 10.5 m，设计污泥负荷为 0.5 kgCOD/(kgVSS·d)，设置 2 套 MTS 射流曝气系统，采用双向喷嘴，配套 2 台潜水射流泵，流量 Q=1664 m³/h，扬程 H=54 kPa，功率 N=37 kW。鼓风机采用 3 台进口罗茨风机（2 用 1 备），单台风量为 85 m³/min，风压 ΔP=1×10⁵ Pa，功率 N=200 kW。动力效率 2.77 kgO₂/(kg·h)。

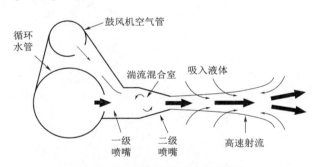

图 2-16　射流喷嘴工作原理图

设强制供气式射流曝气池尺寸长 40 m，宽 41 m，深 11 m，有效水深 10.5 m，有效容积 17220 m³，污泥负荷为 0.5 kgCOD/(kgVSS·d)，配 20 个射流器，喷嘴直径 3.81 cm，工作水泵（潜水泵）流量 11664 m³/d，扬程 54 kPa，N=37 kW。

配罗茨鼓风机 3 台（2 用 1 备），单台风量 85 m³/min，风压 1×10⁵ Pa，N 为 220 kW，运行结果，供气式射流曝气法，处理 1 m³ 废水耗电 0.468 kW·h/m³，去除 COD 电耗为 0.470 kW·h/(kg·COD)。

2. 射流曝气法处理禽兔加工废水

山东潍坊外贸冷藏厂禽兔加工废水用射流曝气法处理，氧利用率达 20% 以上，充氧动力效力为 2.5 kg·O₂/(kW·h)，水力停留时间 2 h，COD$_{cr}$ 去除率 88%~92%。

3. 射流曝气法处理油田采出废水

大庆油田用射流曝气法处理油田采出废水，配制和稀释的聚合物溶液黏度能够满足聚合物驱油的注入要求，可大幅度降低地面工程建设投资。因油田采出污水中含有大量的硫酸盐还原菌、腐生菌和铁细菌等。污水通过射流曝气，空气中的氧可以氧化污水中的还原物质，可有效地杀灭大部分硫酸盐还原菌和其他一些厌氧菌，污水处理规模为 1 万 m^3/d，射流工作液水压 0.5 MPa，每台射流器的工作液流量为 85 m^3/h。运行结果表明射流曝气处理污水稀释聚合物溶液是可行的，能够满足注入指标要求，应用射流曝气技术处理油田废水，可以达到曝气站的处理效果，运行成本大大降低，能满足污水稀释聚合物溶液注入的要求，而且具有安装方便、灵活、投资省、见效快的优点，在污水配注聚合物领域具有非常良好的应用前景。

4. 射流曝气法处理饮料废水

武汉市江申百事可乐饮料有限公司采用射流曝气氧化沟工艺，处理规模为 550 m^3/d，原废水 COD_{cr}800~1500 mg/L，氧化沟有效容积为 457 m^3，采用自吸式射流曝气器 16 台，喷嘴直径 10 mm，总工作液流量为 320 m^3/h，COD_{cr} 去除率达 95% 左右，射流器水平安装在氧化沟底部，完全满足供氧与推动氧化沟水流的需要，处理效果良好。

第 3 章　MFSJ 射流器的结构及设计

3.1　自吸式射流器基本工作原理

3.1.1　自吸式射流器的基本工作原理

前已述及射流器可分为两大类：一类叫强制供气，即用压缩空气与加压水在射流曝气器中剧烈混合，达到充氧的目的，此类射流器典型结构如图 2-3 所示。

另一类为负压供气法（自吸式）的射流器，由喷嘴、吸气管、吸入室、喉管、扩散管组成。采用射流曝气器喷嘴喷出的高速射流与空气之间的黏滞作用，把吸气室内空气带走，使吸入室造成负压，大气中的空气不断被吸入。夹带着空气的射流，进入喉管后，在喉管的前半段有一段喷射段，液体与气体均为连续流，气液两相仅在接触表面之间进行能量交换，气体未被切割，氧的转移是有限的。在喉管的后半段，由于射流所具有的动能及射流曝气器末端的反压力的双重作用下，气液形成混合激波，气液两相之间进行激烈的能量交换，气体被击成乳化状，形成均质乳化液，气泡直径约为 100 μm。进入扩散管后，由于流速水头转变为压头，气泡进一步被压缩。因此在射流曝气器中，氧的转移速率是很迅速的。自吸式射流曝气器中的工作原理如图 3-1 所示。

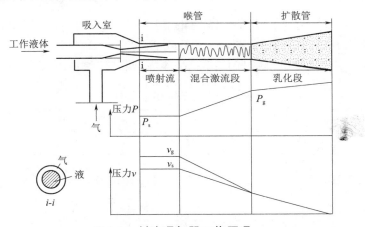

图 3-1　射流曝气器工作原理

3.1.2　混合激波的特点

混合激波具有下列特点：

（1）混合激波前的喷射段，气液两相各自保持连续流，如图 3-1 的 i-i 剖面图，气压为 P_s（大气压），工作液流速为 v_g，气液流速为 v_s，并非均质的混合液。至混合激波段以及扩散管段，形成均质的混合液，激波的后半段比激波的前半段压力增高，速度较低，通常低于音速。压力 P_s 逐步增加至 P_g；气液两相的速度逐渐降低并变成同一流速，直至扩散管出口。

（2）混合激波的波速可达亚音速，使高速水流与所吸气体之间进行充分的能量交换，水流的动能转变为对气体的压能，并使之乳化。

（3）气体受到压缩，为放热反应，但由于空气的热容量远小于水的热容量，所放的热量不足以改变水的温度，故仍属于等温压缩过程，这对射流曝气系统的工艺设计是一个重要的因素。

由于混合激波的激烈紊动，加速了氧的转移。通过计算喷嘴、喉管处的雷诺数可知。

喷嘴处的流速：

$$v = \phi\sqrt{2gH} \tag{3-1}$$

式中　v ——喷嘴流速，m/s；

　　　ϕ ——流速系数 0.95~0.975；

　　　H ——射流曝气器工作压力，kPa；

　　　g ——重力加速度 9.81，m/s^2。

若水温为 20℃，水的运动黏滞系数 μ=0.001 cm^2/s，工作压力 H 为标准大气压，喷嘴直径设为 36.2 mm，则 v=1320 cm/s，流量 Q=7491 cm^2/s，得雷诺数为 $Re = \dfrac{vd}{\mu} = 487000$。

喉管直径为 67.6 mm，如不考虑吸入的空气量，则流速 v=212 cm/s，雷诺数 Re =143000。喷嘴与喉管处都处于激烈的紊流状态，强化了气体的乳化作用与氧的转移速率。

3.1.3　射流器尾管

射流器扩散管后的管段称尾管。尾管的作用及所需长度可用图 3-2 的装置实测确定：即采用 A 与 B 两种不同结构的射流器，测定尾管沿线 1、2、3、4 各点的溶解氧浓度。

对射流曝气器扩散管出口后的 1、2、3、4 各点取样，测其溶解氧饱和度，见表 3-1。

各取样点的氧饱和率　　　　　　　　　　　　　　　　表 3-1

取样点	射流器 A 与 B	
	A	B
1	100%	93.3%
2	84.5%	100%
3	100%	100%
4	100%	100%

表 3-1 中，A 组射流器的参数为：喷嘴直径 36.2 mm，工作压力 240 kPa，工作流量 76 m^3/h，出口压力 55 kPa，喷射系数（即吸气比）1.17；B 组射流器的参数为：喷嘴直径 36.2 mm，工作压力 256 kPa，工作流量 78.5 m^3/h，出口压力 56 kPa，喷射系数 1.18。从喷嘴到射流曝气器出口（即扩散管末端），气液接触时间不到 1 s，水体中溶解氧即从 0 达到饱和，氧转移率是很迅速的。此后各取样点都维持在饱和溶解氧浓度。说明射流器出口

处溶解氧即能饱和,尾管再长有弊而无益,只会增加水头损失,因此射流曝气器不必设尾管。

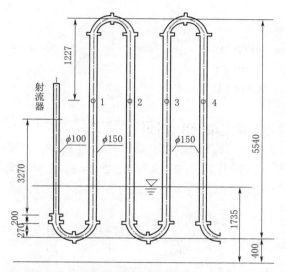

图 3-2 射流曝气器尾管各点溶解氧变化实验装置

3.2 双级单喷射流曝气器的结构计算

本书优选的射流器为 MFSJ 型(多功能旋流射流器)属双级单喷射流器,作为射流曝气活性污泥法的供氧与搅拌设备,也可用于厌氧消化反应器,给水水源除铁、除锰设备以及用于水体生态修复。双级单喷射流器的结构与设计计算图,如图 3-3 所示。

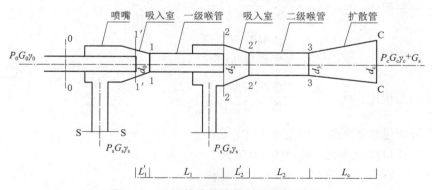

图 3-3 双级单喷射流器结构与设计图

3.2.1 双级单喷射流器的设计

双级单喷射流器设计的基本方程式表征了射流器内压力、流量及几何参数之间的关系,是设计的理论基础。由于射流器内存在气、液两相,两者密度相差 800 倍,流动情况相当复杂,设计时主要采用半经验半理论的方法进行,基本的假定是:

射流器净水原理与应用

（1）气体在射流器内属等温压缩：

$$\frac{P}{\rho} = gR_aT = 常数 \qquad (3-2)$$

式中　　P——压力，kg/cm^2；

　　　　ρ——气体密度，kg/cm^3；

　　　　g——重力加速度，cm/s^2；

　　　　R_a——气体常数，8.3143 J/（mol·K）；

　　　　T——温度，℃。

（2）溶于水中的气体数量忽略不计。

（3）S-S断面（图3-3）气体流动阻力忽略不计，即$P_s=P_1$，P_1为1断面的压力。

根据上述假定，可分别列出$1'$与2，S与2，$2'$与3，3与C等断面之间的能量方程。从而推导出射流曝气器的基本方程式：

$$h = \phi_1^2 \left[\frac{2\phi_2^{"}k_1^{"}\left(1+\frac{qP_s}{P_2}\right)}{m \cdot m_1} - \frac{2(1+\delta)}{m^2}\left(1+\frac{qP_s}{P_3}\right)^2 \right] - \frac{P_s}{\phi_1^2 P_0}q\ln\frac{P_C}{P_s} \qquad (3-3)$$

式中　　h——压力比，$h = \frac{P_C-P_s}{P_0-P_s} = \frac{P_C-P_s}{P_0'} = \frac{射流器出口压力}{工作压力}$，$P_0$、$P_s$、$P_2$、$P_3$、$P_c$分别为0、S、2、3及射流器出口断面的压力；

　　　　q——流量比，$q = \frac{Q_s}{Q_0} = \frac{吸入气体流量}{工作液流量}$；

　　　　m——面积比，$m = \frac{f_3}{f_0} = \frac{二级喉管断面积}{薄壁孔口断面积}$；

　　　　m_1——面积比，$m_1 = \frac{f_2}{f_0} = \frac{一级喉管断面积}{薄壁孔口断面积}$；

　　　　m_2——面积比，$m_2 = \frac{f_3}{f_2} = \frac{二级喉管断面积}{一级喉管断面积}$；

　　　　δ——能量修正系数，可忽略不计；

　　　　ϕ_1——孔口流速系数，$\Phi_1=0.95\sim0.975$；

　　　　f_2——一级喉管断面积，mm^2；

　　　　f_3——二级喉管断面积，mm^2；

　　　　$\phi_2^{"}$——二级喉管流速系数，$\phi_2^{"}=0.85$；

　　　　$k_1^{"}$——二级喉管入口流速不均匀系数，取0.9~0.95。

3.2.2　最优参数方程

射流曝气器效率最高时的压力比、流量比与面积比叫作最优参数，分别用h_y、q_y与m_y表示。

28

1. 射流曝气器的效率计算公式

$$\eta = \frac{N_1}{N_0} = \frac{P_{\mathrm{S}}Q_{\mathrm{S}}\ln\dfrac{P_{\mathrm{C}}}{P_{\mathrm{S}}}}{Q_0\left(P_0 - P_{\mathrm{C}}\right)} \qquad （3\text{-}4）$$

若 $P_{\mathrm{S}}=100\ \mathrm{kPa}$，则上式可简化为：

$$\eta = \frac{q\ln\left(hP_0' + 1\right)}{P_0'\left(1 - h\right)} \qquad （3\text{-}5）$$

要使效率最高，应 $\mathrm{d}\eta/\mathrm{d}q=0$，当压力比或面积比已知，可证明：

$$\frac{\partial\left(m\times h\times q\right)}{\partial m} = \frac{\mathrm{d}\eta}{\mathrm{d}q} = 0$$

2. 最优面积比方程

对式（3-3）取偏导数，整理后可得最优面积比方程式：

$$m_{\mathrm{y}} = \sqrt{\left[\left(1 + \frac{qP_{\mathrm{S}}}{P_3}\right)^2\left(\phi_3^2 - \phi_3\frac{\partial\phi_3}{\partial m}\right) - \left(1 + q\frac{P_{\mathrm{S}}}{P_3}\right)\right]\frac{m_2\phi_2'}{\phi_2''k_1''A\dfrac{\partial\phi_2'}{\partial m}}} \qquad （3\text{-}6）$$

式中　ϕ_2'——一级喉管流速系数，决定于 q/m 的值，如图 3-4 所示；

　　　ϕ_3——扩散管流速系数，如图 3-4 所示。

m_{y} 值可根据式（3-6）作图得出，如图 3-5 所示。

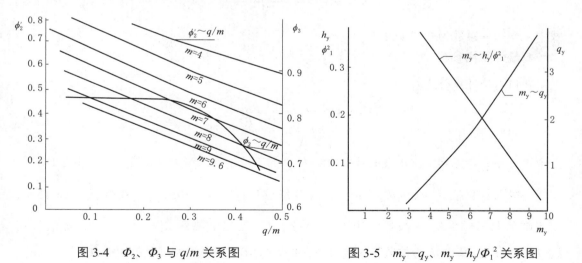

图 3-4　Φ_2、Φ_3 与 q/m 关系图　　　　　图 3-5　m_{y}—q_{y}、m_{y}—h_{y}/Φ_1^2 关系图

3. 临界与极限状态方程式

当 P_{c} 达到一定数值时，混合区被压缩到气体入口处附近，使该处的压力突然升高，造成射流器工作性能不稳定，S 断面产生脉动返水，此时的流量比称为临界流量比，用 q_{K1} 表示，此时的压力比称为临界压力比，用 h_{K1} 表示。

$$q_{k1} = \phi^2 \left(\frac{P_3}{P_S} \right)^2 \frac{m^2 P_S}{2\phi_1^2 P_0'} \tag{3-7}$$

式中　q_{k1}——临界流量比；

　　　ϕ——根据 m 查图 3-6 得。

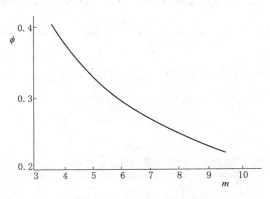

图 3-6　ϕ—m 关系曲线

当 m 与 $P_0' = P_0 - P_S$ 一定时，射流曝气器最大吸气量时的流量比称为极限流量比，用 q_k 表示，此时一、二级喉管内的气流速度达到音速，进气量只与过水断面有关而与压力无关。极限流量比用式（3-8）计算：

$$q_K = \frac{13.7\mu(m-1)}{\phi_1} \sqrt{\frac{P_S}{P_0 - P_S}} \tag{3-8}$$

式中　μ——系数为 0.07~0.075。

4. 最佳结构参数

孔口直径计算公式：

$$d_0 = \alpha \sqrt{\frac{4Q_0}{\pi\phi_1 \sqrt{2g \dfrac{P_0 - P_S}{\gamma_0}}}} \tag{3-9}$$

式中　α——考虑到工作水泵的特性曲线 H-Q 的不稳定性，可乘 α 系数，其值取 1.1~1.3。

一级喉管直径 $d_2 = \sqrt{m_1} d_0$，$m_1 = \dfrac{m}{2\sim3}$；二级喉管直径 $d_3 = \sqrt{m} d_0$，一级喉管长 $L_1 = 15 d_1$；

二级喉管长 $L_2 = 15 d_3$；一级喉嘴距 $L_1' = （1\sim3）d_0$，二级喉嘴距 $L_2' = （1\sim3）d_2$，扩散管长 $L_0 = 7（d_C - d_3）$，其中 d_C 为扩散管末端直径，扩散全角 7°，喉管入口全角 40°~60°。

5. 设计举例

【例题 3-1】已知射流曝气器出口压力 P_c=109 kPa，（绝对压力），吸入大气的压力 P_s=100 kPa，（绝对压力），工作水泵型号为 4 PW，功率为 7.5 kW，流量 Q=104 m³/h，扬程 H=11 m。请根据已知条件设计一个射流器。

解：

（1）确定压力比 h：工作压力 $H_0 = H - H_B = 11 - 1.5 = 9.5$ m（H_B 为管道损失），$P_0' = P_0 - P_S$，

P_{s}=0.95 kg/cm², $h=\dfrac{1.09-1}{0.95}=0.095$，$\dfrac{h}{\phi_1^2}=\dfrac{0.095}{0.95^2}=0.105$。

（2）确定最优面积比 m_{y}：根据 $\dfrac{h}{\phi_1^2}=0.105$，查图 3-5，取 m_{y}=8，q_{y}=2.7。

（3）计算临界流量比 q_{K1}，利用下式计算 P_3：

$$P_3=\frac{b+\sqrt{b^2-4C}}{2} \qquad (3\text{-}10)$$

$$b=\phi_1^2 P_0'\left(\frac{2\phi_2'' k_1'' A}{m}-\frac{2}{m^2}\right)+P_{\mathrm{s}} \qquad (3\text{-}11)$$

$$C=\frac{2\phi_1^2 P_0' P_{\mathrm{s}} q}{m^2},\ A=\frac{\phi_2' k_1''}{k_3'}m_1,\ k_3'=1.05, \qquad (3\text{-}12)$$

将已知值代入式（3-10）得 P_3=1.10 kg/cm²，根据最优面积比 m_{y} 查图 3-6 得 ϕ=0.235，由式（3-7）计算 q_{k1}：

$$\therefore\ q_{\mathrm{K1}}=0.235^2\left(\frac{1.10}{1.0}\right)^2\frac{8^2\times1.0}{2\times0.95^2\times0.95}=2.4<q_{\mathrm{y}}=2.7$$

射流器应避免在临界状态下工作。

（4）计算基本性能曲线 $h=f(m,q)$，见表 3-2。

h/ϕ_1^2 与 g				表 3-2
h/ϕ_1^2	0.069	0.095	0.18	0.245
q	3.5	3.0	2.0	1.0

故吸气量 Q_{S}=2.7×0.6×104=168 m³/h。

由于射流器的加工精度、长期使用的磨损等因素的影响，q_{y} 应乘小于 1 的系数 0.6~0.8。

射流曝气器孔口直径 $d_0=\alpha\sqrt{\dfrac{4\times\dfrac{104}{2\times3600}}{3.14\times0.95\sqrt{2\times9.81\times9.5}}}=37.5\alpha$ mm

如取 α=1.1，则 d_0=37.5×1.1=41.25 mm

一级喉管直径 $d_2=\sqrt{m_1}d_0$，$m_1=\dfrac{m}{2.3}=\dfrac{8.0}{2.3}=3.48$，$d_2$=76.7 mm，二级喉管直径 $d_3=\sqrt{m}d_0=\sqrt{8}\times41.25$=116mm，一级喉管长 L_1=15d_2=1150 mm，二级喉管长 L_2=15d_3=1760 mm，一级喉嘴距 L_1'=3d_0=3×41.25=123 mm，二级喉嘴距 L_2'=3d_2=3×76.7=230 mm，扩散管长 L_0=7×（d_c-d_3）=7×(164−116)=336 mm。

3.2.3　射流曝气最佳工作压力及池型选择

1. 射流器最佳工作压力、反压力的决定

双级单喷射流曝气器的充氧效率决定于工作压力、工作流量、出口压力及射流器的安装方式。由于实验所用水池较浅，所以采用不同长度的尾管装置来调节射流器的出口压力。

装置如图 3-7 所示。

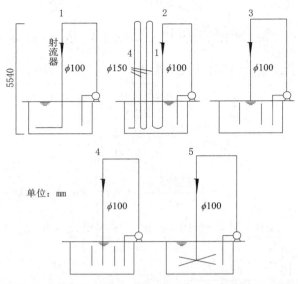

图 3-7　不同工作压力、工作流量及反压力实验装置

实验的结果见表 3-3。从表 3-3 知，清水充氧的结果，工作压力为 90~96 kPa，出口压力为 8~8.4 kPa，喷射系数为 1.3~1.35，动力效率为 2.0~2.08 kg/（kW·h），总动力效率 1.0~1.05 kg/（kW·h）。

由于经射流器后的水，溶解氧即达饱和。若喷射系数以 1 计，因每立方米空气含氧量为 0.298 kg（20℃），使 1 m³ 水饱和，所需氧量仅为 0.00917 kg，可见对清水充氧来说，被射流器吸入的空气中所含有的氧量在射流器内，仅被利用 0.00917/0.298=3.1%，其余 96.9% 的氧量有待于合理的池型配合，才能继续加以利用。

在孔口直径与面积比相等的条件下，由图 3-7 的装置、对不同工作压力、反压以及压力比进行实验，测定氧的总转移系数 K_{La}，氧的利用系数及动力效率之间的关系，实验结果见表 3-3。可得出如下几点重要结论：

第 1 种装置，射流器的工作压力达 250~300 kPa，吸气比（流量比）最大，但反压很小，氧转移系数 K_{La} 与氧利用系数也都最小，动力效率仅为 0.44~0.41 kg/（kW·h）。可见所吸入的气体不能被完全乳化而逸出水面。

第 2 种装置，射流器的工作压力达 250 kPa，尾管太长，反压达 55 kPa，压力比 0.22，氧转移系数 K_{La}、氧利用系数、动力效率都很低。

第 3 种装置，射流器的工作压力为 100~240 kPa，射流器尾管插入水面 25~41 cm，出口压力仅为 5~5 kPa，压力比 0.022~0.06，因此在喉管内难以形成有效的混合激波，液、气两相能量交换不充分，氧转移系数 K_{La}、氧利用系数及动力效率也很低。

第 4 种装置，射流器尾管插入水面 1.0 m，与第 3 种装置相差不多，氧转移系数 K_{La}、氧利用系数、动力效率也都偏低。工作压力 90~96 kPa，出口压力提高到 8.0~8.4 kPa，压力比 0.08~0.09，在喉管内可形成有效的混合激波，乳化充分，氧转移系数 K_{La}、氧的利用系数、动力效率都有显著增加。

表3-3

实验的结果表

尾管形式	工作压力 (kPa)	出口压力 (kPa)	压力比	喷嘴直径 (mm)	面积比	工作流量 (m³/h)	流量比	K_{La}	充氧量 (kg/h)	氧利用系数 (%)	水泵扬程 (m)	消耗功率 (kW)	总动力效率 [kg/(kW·h)]	动力效率 [kg/(kW·h)]
1	300			23.20	9.40	34	3.40	0.034	1.35	4.00	33.0	3.05	0.22	0.44
	300							0.036	1.37	4.00	33.0	3.05	0.22	0.44
	300			29.20	5.90	53	3.10	0.048	1.91	3.90	33.0	4.80	0.20	0.40
	250			36.20	3.90	78	2.14	0.068	2.43	4.90	28.0	5.90	0.20	0.41
	250	55	0.22	36.20	3.90	78	1.23	0.05	1.82	6.40	28.0	5.90	0.155	0.31
2	240	55	0.23			76	1.17	0.044	2.04	7.70	27.0	5.60	0.185	0.37
	256	56	0.22			78.5	1.18	0.035	1.58	7.00	28.6	6.10	0.13	0.26
	240	15	0.06	36.20	3.90	76	2.61	0.112	1.57	2.66	27.0	5.60	0.14	0.28
3	100	2.5	0.05			46	2.50	0.081	1.17	3.43	13.0	1.63	0.60	0.72
	150	4.1	0.03			57	2.31	0.103	1.27	3.23	18.0	2.80	0.27	0.45
	100			36.20	3.90	46	1.98	0.076	0.94	3.50	13.0	1.63	0.29	0.58
4	096	8.4	0.08	36.20	3.90	46	1.30	0.226	3.28	18.20	12.6	1.55	1.05	2.08
	090	8	0.09			43	1.35	0.205	2.95	17.30	12.0	1.40	1.00	2.00

上述实验结果可得出：射流器的工作压力不必太大，宜为 100~150 kPa，反压（即射流器出口压力）不宜太小，以工作压力的 $\frac{1}{10} \sim \frac{1}{12}$ 为宜，吸气比达 1.0~1.6 即可，此值可作为射流器设计、制造、安装的依据。

射流曝气池的池型应根据射流曝气的特点及上述最佳工作参数选择。曝气池的池型选择实验是在武汉印染厂污水处理厂的生产性曝气池中进行，该污水处理厂的规模为 5000 m^3/d，其中印染污水占 70%，生活污水占 30%。

2. 射流曝气池的池型选择

武汉印染厂污水处理厂的处理工艺流程如图 3-8 及图 3-9 所示。

图 3-8　武汉印染厂污水处理厂工艺流程图

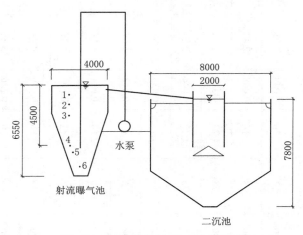

图 3-9　射流曝气池与二次沉淀池

射流曝气池直径 4 m，有效水深 6.55 m，有效容积 43 m^3，以回流污泥作为工作液，配离心泵 4PW，功率 7.5 kW，射流器安装高度（喷嘴到水面的高度）为 3.6 m，射流器扩散管末端插入水面的深度分别是 2.5 m 与 4.5 m 两种，运行结果见表 3-4。

射流器入水深度、喷射系数（吸气比）的关系表　　　　　　　　　表3-4

射流器扩散管入水深（m）	孔口直径 d_0（mm）	面积比	工作压力（kg/cm²）	反压力（kg/cm²）	喷射系数
2.6	36.2	3.9	0.9	0.04	1.3
4.5	36.2	3.9	0.8	0.14	0.875
4.5	40.0	3.16	0.8	0.14	0.780

射流器扩散管入水深 2.5 m 时，出口压力 0.04 kg/cm^2，压力比为 0.044，喷射系数 1.3，但搅拌不充分活性污泥沉淀在池底，不能正常运行。射流器扩散管入水深 4.5 m 时，出口

压力 0.14 kg/cm²，压力比为 0.175，喷射系数为 0.875。喷射系数较前者减少约 33%，但搅拌均匀，池底没有污泥沉淀。射流器入水深度为 4.5 m 时，全池的溶解氧分布除射流器扩散管出口处较高为 9.3 mg/L 以外，其余测点均在 8.3~8.6 mg/L；各测点的污泥体积在 10%~15%，说明此插入深度，全池的搅拌是均匀的，但喷射系数降低到 0.8 左右。

射流器扩散管入水深 4.5 m 时，池内溶解氧浓度、污泥 SV 分布见表 3-5。

入水深度为 4.5 m 时的溶解氧浓度、污泥体积分布表　　表 3-5

射流器扩散管入水深为 4.5 m 时		溶解氧（mg/L）	污泥体积（%）
取样点号	水面	8.3	15
	1	8.4	13
	2	8.6	14
	3	8.5	13
	4.5	9.3	15
	6	8.3	10

表 3-5 的测定结果，说明这种池型在搅拌均匀程度与吸气比之间，存在着很大矛盾。射流器插入深度越深，搅拌越均匀，但反压力越大，吸气比降低。矛盾表现在：

（1）射流器扩散管入水深度达 2.6 m 时（离池底仍有 3.95 m），反压力较低，为 0.04 kg/cm²，吸气比较大，为 1.3，但池底部还存在沉泥。

（2）入水深度越深，如 4.5 m（离池底 2.05 m），池内混合较均匀，池内不同深度 DO 为 8.3~8.6 mg/L，SV 在 10~15，但反压力增加至 0.14 kg/cm²，吸气比降低至 0.8。

这一矛盾可借助池型构造得到解决：

（1）池内设中心导流筒或导流板，使之成为异重流混合型射流曝气池，详见第 6 章与第 7 章。异重流混合型射流曝气池工艺如图 3-10 所示。

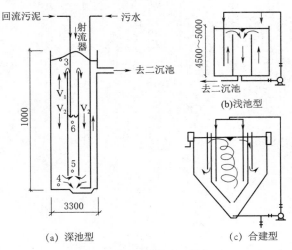

图 3-10　异重流混合型

（2）淹没安装射流器，用潜水泵或离心泵作为循环工作泵，如图3-11所示，详见第9章。

上述两类池型，既可在保证全池搅拌混合均匀的条件下，不降低喷射系数。

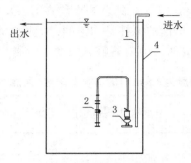

图 3-11　淹没安装射流曝气池

1—污水入流管；2—淹没安装射流器；3—潜水污水泵；4—曝气池

第4章　MFSJ射流器与传质的基本原理

4.1　MFSJ型射流器性能与充氧能力

4.1.1　MFSJ型射流器

1. MFSJ型射流器及主要性能

根据第3章的设计原理制作的双级单喷射流器，应用范围较广，可作为污水处理的供氧与搅拌设备，给水的氧化除铁除锰的设备，也可作为水体修复设备，故定名为MFSJ多功能射流器（More Function Swirling Jeter），简称MFSJ型射流器。已制成的MFSJ型有5个系列产品：10 m^3/h、15 m^3/h、25 m^3/h、50 m^3/h、100 m^3/h，供不同规模的处理对象选用。每一系列的射流器的主要性能指标，列于表4-1。MFSJ型射流器的总装示意图参见图3-3。

MFSJ型射流器系列产品的主要尺寸、性能及配套水泵规格表　　　　表4-1

型号	主要尺寸与性能						配泵性能		
	总长（mm）	工作流量（m^3/h）	工作压力（kg/cm^2）	液—气比（吸气比）	液—液射流系数	充氧动力系数[kg O_2/（kWh）]	流量（m^3/h）	扬程（m）	功率（kW）
MFSJ-10	1160	10	1.0~1.5	1.2~1.7	0.5~0.7	2.0~2.3	10	8~10	0.55
MFSJ-15	1477	15	1.0~1.5	1.2~1.7	0.5~0.7	2.0~2.3	15	8~10	0.75
MFSJ-25	1892	25	1.0~1.5	1.2~1.7	0.5~0.7	2.0~2.3	25	8~10	1.1
MFSJ-50	2383	50	1.0~1.5	1.2~1.7	0.5~0.7	2.0~2.3	50	8~10	2.2
MFSJ-100	2886	100	1.0~1.5	1.2~1.7	0.5~0.7	2.0~2.3	100	8~10	5.5

表中配泵的流量是指1台泵配1台MFSJ型射流器，如果污水处理厂的规模很大，则可选用大流量水泵，带动多台射流器，达到既降低电耗又满足均匀搅拌的目的。详见第10章例题10-1。

不同型号射流器工作压力、工作液流量、一级吸气量、二级吸气量之间的关系，如图4-1所示。

从图4-1可查到不同规格的双级单喷射流器在不同工作压力（0.5~2.0 kg/cm^2）时的吸气比。例如：双级单喷射流器的工作流量为17 m^3/h，工作压力为1.5 kg/cm^2时，一级吸气量约为22 m^3/h，二级吸气量约为3 m^3/h，总吸气量约为25 m^3/h，总吸气比约为1.47：1。此值与射流曝气污水处理厂同

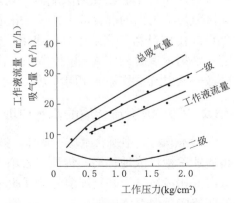

图4-1　不同型号射流器工作液流量、吸气量、工作压力关系图

类型双级单喷射流器实测的吸气比的上限值相当接近，可供初步设计时的参考。

2. 射流器的充氧作用

射流曝气对污水的充氧实验表明，工作压力为 0.5 kg/cm² 时，污水经射流器后（仅几秒钟），DO 从 0.7 mg/L 提高到 5~6 mg/L；工作压力为 1.0 kg/cm² 时，经射流器后 DO 即可达饱和，再增加工作压力，DO 浓度不再增加，因此，射流器的工作压力选择为 1.0~1.5 kg/cm² 是经济合理的。不同工作压力时，射流器前、后，工作液中溶解氧 DO 变化曲线如图 4-2 所示。可见工作压力大于 1.5 kg/cm² 后，DO 浓度几乎不再增加。

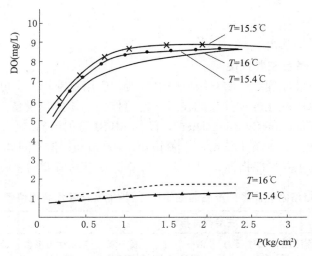

图 4-2　不同工作压力下，污水中 DO 值变化曲线

3. MFSJ 型射流器的应用

MFSJ 型射流器若用于活性污泥法处理污水时，工作过程是以液体（污水或回流活性污泥，或曝气池内的混合液）作为工作液，抽吸空气成为液—气射流，主要性能用吸气比（或称射流系数）、氧的利用率及充氧动力效率表达。吸气比的定义：每立方米工作液可抽吸入的空气体积（标准状态下）。不同规格的 MFSJ 射流器的吸气比基本相同（见表 4-1）。

若用于污水、污泥的厌氧生物处理，工作过程是以液体（污水或回流厌氧活性污泥，或厌氧反应池内的混合液）作为工作液，抽吸厌氧反应池内的混合液，起到强化厌氧生物处理的传质过程与反硝化脱氮作用，成为液—液射流，主要性能用液—液射流系数表达。液—液射流系数的定义：单位体积工作液可抽吸的液体体积。不同规格的 MFSJ 型射流器的液—液射流系数基本相同（见表 4-1）。

4.1.2　气—液射流传质的基本原理

污水、污泥中所含基质、絮体、被抽吸入的空气等经过射流器的切割、压缩、乳化后，传质速率被极大地提高。传质包含两个过程：一个是液—气射流时，吸入的气相中所含氧气向液相传质，为好氧细菌分解基质时提供所需氧气，属好氧反应。另一个过程是污水中的基质向污泥絮体内部传质。前一传质过程属气—液传质过程，后一传质过程是基质向絮体内部的传质过程。

1. 气—液传质过程

气—液传质过程服从菲克（Fick）定律。

曝气过程中，空气中的氧分子是通过气、液两相的接触界面，从气相传递到液相。传质的速度决定于：①气相、液相中氧的浓度梯度，氧从浓度高的组分向浓度低的组分转移；②气相与液相接触界面的更换速度；③气相、液相接触界面的接触时间。传质过程非常复杂，描述这一过程的常用理论有三个：①双膜理论；②浅渗理论；③表面更新理论。双膜理论考虑的变量因子较多，更符合实际的传质状况，能把气膜阻力和液膜阻力作定量分析计算，后两种理论较难以定量计算，实际应用较困难。在污水生物处理中，所需氧气是用机械方法或射流抽吸方法持续地向液相中充氧，使液相维持一定的溶解氧浓度，并依靠菌胶团不断地消耗溶解氧，造成气—液相之间的浓度梯度，更换气—液两相的接触界面与延长两相的接触时间。

双膜理论的模型如图 4-3 所示。

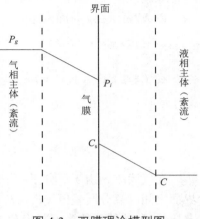

图 4-3　双膜理论模型图

2. 双膜理论

1）双膜理论的设定

（1）气—液两相接触界面的两侧存在着层流状态的气膜和液膜，在两膜的外侧是气相主体与液相主体，两主体均处于紊流状态。气相内的氧分子，须通过气膜与液膜，才能传递到液相主体。传递过程可分为四个阶段：第一阶段是气相内的氧分子向气膜推移；第二阶段是氧分子穿透气膜；第三阶段是氧分子穿透液膜；第四阶段是氧分子向液膜内扩散，溶解到液相主体，形成液相主体中的溶解氧。

（2）由于气、液两相的主体均处于紊流状态，其中的氧分子浓度基本上是均匀的，不存在浓度梯度，也不存在传质阻力。

（3）在气膜中存在着氧的分压梯度，在液膜中存在着氧的浓度梯度，此浓度梯度即是氧分子传递的推动力。

（4）氧难溶于水，氧分子传递的过程中，传递的阻力主要来自液膜，液膜是氧传递的控制阻力，故通过液膜的扩散速率就是氧传递的速率。

（5）氧传递过程是稳定的，即通过气膜的通量与通过液膜的通量是相等的。两相之间的传质过程可被简化为膜之间的分子扩散过程，扩散过程的推动力是界面两侧的浓度梯度，氧分子从浓度较高的一侧向浓度较低的一侧扩散转移。这种扩散过程的基本规律可用菲克定律表达：

$$v_d = -D_L \frac{dC}{dX} \tag{4-1}$$

式中　v_d——物质的扩散速率，即单位时间内单位接触界面上通过的物质数量；

D_L——扩散系数，表示物质在某一介质中的扩散能力，决定于扩散物质和介质的特性及温度；

X——扩散过程的长度；

$\dfrac{\mathrm{d}C}{\mathrm{d}X}$——浓度梯度，即单位长度内的浓度变化值。

式（4-1）表明物质的扩散速率与浓度梯度成正比关系。

2）双膜理论模型

双膜理论模型如图4-3所示。

以 M 表示在 t 时间内通过界面扩散的物质数量，以 A 表示接触界面面积，则：

$$v_{\mathrm{d}} = \frac{1}{A}\frac{\mathrm{d}M}{\mathrm{d}t} \tag{4-2}$$

式（4-2）代入式（4-1），得：

$$\frac{1}{A}\frac{\mathrm{d}M}{\mathrm{d}t} = -D_{\mathrm{L}}\frac{\mathrm{d}C}{\mathrm{d}X} \tag{4-3}$$

$$\frac{\mathrm{d}M}{\mathrm{d}t} = -D_{\mathrm{L}}A\frac{\mathrm{d}C}{\mathrm{d}X} \tag{4-4}$$

在气膜中，由于氧分子的浓度较为均匀，膜内部氧分子的传递动力很小，气相主体与界面之间的氧分压差值（$P_{\mathrm{g}} - P_{\mathrm{i}}$）很低，可视为 $P_{\mathrm{g}} \approx P_{\mathrm{i}}$。界面处的溶解氧浓度值 C_{S} 是在氧分压为 P_{g} 条件下的溶解氧饱和浓度值。若气相气压为 1 个大气压，则 P_{g} 为 1 个大气压中的氧分压（约为 1 个大气压的 1/5）。

设液膜厚度为 X_{f}，则液膜中间的溶解氧浓度梯度为：

$$-\frac{\mathrm{d}C}{\mathrm{d}X} = \frac{C_{\mathrm{S}} - C}{X_{\mathrm{f}}} \tag{4-5}$$

代入式（4-4），得：

$$\frac{\mathrm{d}M}{\mathrm{d}t} = -D_{\mathrm{L}}A\frac{(C_{\mathrm{S}} - C)}{X_{\mathrm{f}}} \tag{4-6}$$

式中　$\dfrac{\mathrm{d}M}{\mathrm{d}t}$ —— 氧传递速率，kg O$_2$ /h；

　　　D_{L} ——氧分子在液膜中的扩散系数，m^2/h；

　　　A ——气、液两相的接触面积，m^2；

　　　$\dfrac{C_{\mathrm{S}} - C}{X_{\mathrm{f}}}$——液膜内溶解氧的浓度梯度，kg O$_2$ /(m$^3 \cdot$ m)。

设液相主体的容积为 V（m^3），V 除式（4-6）的两边得：

$$\frac{1}{V}\frac{\mathrm{d}M}{\mathrm{d}t} = \frac{D_{\mathrm{L}}A}{X_{\mathrm{f}}V}(C_{\mathrm{S}} - C) \tag{4-7}$$

整理式（4-7）得：

$$\frac{\mathrm{d}C}{\mathrm{d}t} = K_{\mathrm{L}}\frac{A}{V}(C_{\mathrm{S}} - C) \tag{4-8}$$

式中　$\dfrac{\mathrm{d}C}{\mathrm{d}t}$ ——液相主体中溶解氧浓度变化速率，kg O$_2$ /(m$^3 \cdot$ m)；

　　　K_{L} ——液膜中氧分子传质系数，m/h，$K_{\mathrm{L}} = \dfrac{D_{\mathrm{L}}}{X_{\mathrm{f}}}$。

由于 A 值难以测定，取总转移系数 K_{La} 代替 $K_L\dfrac{A}{V}$，则式（4-8）可改写为：

$$\frac{dC}{dt} = K_{La}\left(C_S - C\right)$$ （4-9）

式中　K_{La}——氧总转移系数，在曝气过程中，当传递过程的阻力大时，K_{La} 值低；反之则
　　　　　K_{La} 高。

从式（4-9）可知，如要提高 $\dfrac{dC}{dt}$ 值，可采取两个措施：①提高 K_{La} 值，即增加液相的紊
流程度，减小液膜厚度与加大气、液两相接触界面面积、加快接触界面的更换速度与延长
两相界面的接触时间；②提高 C_S 值，增加气相中氧的分压。这两点正是射流曝气法所具有
的优点。

从式（4-6）可知，氧的转移速率与液膜氧分子扩散系数 D_L，气、液接触界面面积 A，
液相中氧的饱和差（$C_S–C$）、液膜厚度 X_f 等成正比。

3. 传质过程的影响因素

1）污水水质的影响

污水中所含的表面活性剂，如洗衣粉、短链脂肪酸及乙醇等，这些物质的分子属两亲
分子（极性端亲水、非极性端疏水），它们聚集在气液界面上，形成一层分子膜，将阻碍
氧分子的扩散转移，氧总转移系数值 K_{La} 将下降，为此引入修正系数 α：

$$\alpha = \frac{污水的 K^{'}_{La}}{清水的 K_{La}}$$ （4-10）

式中　$K^{'}_{La}$——污水的氧总转移系数，min^{-1}；
　　　　K_{La}——清水的氧总转移系数，min^{-1}。

$$K^{'}_{La} = \alpha K_{La}$$ （4-11）

由于污水含有盐类，氧在污水中的饱和度也将受到影响，故应引入另一个修正系数 β：

$$\beta = \frac{污水的 C^{'}_S}{清水的 C_S}$$ （4-12）

则　$C^{'}_S = \beta C_S$ （4-13）

式中　$C^{'}_S$——污水的饱和溶解氧值，mg/L；
　　　　C_S——同温度清水的饱和溶解氧值，mg/L。

表 4-2 列出几种污水的 α、β 值供参考。

几种污水充氧性能修正　　　　　　　　　　　　　　表 4-2

污水性质	α	β
城市生活污水	0.8~0.4	0.90~0.95
含酚污水	0.7~0.8	0.85~0.90
印染污水	0.45~0.55	0.70~0.80
石油化工污水	0.75	0.50

污水性质影响的计算公式见式（4-10）、式（4-11）、式（4-12）、式（4-13）。

2）水温的影响

水温对氧的转移影响很大，水温上升，水的黏滞度降低，扩散系数提高，液膜厚度随之降低，K_{La} 值增大；反之则 K_{La} 值减少。下式表示 K_{La} 值与水温的关系：

$$K_{La(T)} = K_{La(20)} \times 1.024^{(T-20)} \tag{4-14}$$

式中　$K_{La(T)}$——水温为 T℃时和氧总转移效率，即实验时的水温 T℃条件下的氧总转移效率，min^{-1}；

　　　　$K_{La(20)}$——水温为 20℃时氧总转移效率，min^{-1}；

　　　　T——实验时水温，℃；

　　　1.024——温度系数。

水温对溶解氧饱和度 C_s 值也有影响，C_s 随温度的上升而降低，K_{La} 随温度的上升而增大，但液相中氧的浓度梯度随温度的上升而有所下降。因此水温对氧转移存在着正、反两方面的影响，总的来说水温降低有利于氧的转移。

3）氧分压的影响

C_s 与大气压及水深有关，大气压降低，C_s 降低；反之则增高。水深增加，C_s 增高。反之，则减少。

空气中的氧在水中的溶解度与水温及压力的关系如图 4-4 所示。

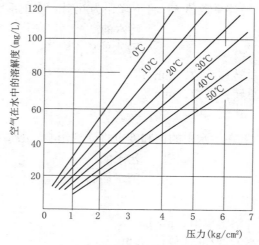

图 4-4　空气的溶解度与温度、压力的关系

C_s 值受氧分压的影响，因此气压降低，C_s 值也降低，反之则提高。故在气压不是 1.013×10^5 Pa 的地区，C_s 值需乘压力修正系数 ρ、ρ 值的计算见式（4-15）。

$$\rho = \frac{P_a}{1.013 \times 10^5} \tag{4-15}$$

式中　P_a——所在地区实际气压。

4）气泡直径对氧转移的影响

相同体积的气泡，被射流器切割成的气泡数量越多，其总表面积就越大，气、液接触界面的面积也越大、氧的传递速度越快。不同气泡直径与氧传质率的关系见表 4-3。

气泡直径与氧传质率的关系　　　　　　　　　　表4-3

气泡直径 d（mm）	氧传质率（%）
大气泡（$d > 3.0$）	5.5
中等气泡（$d \leqslant 3.0$）	6.5
小气泡（$0.05 < d \leqslant 1.57$）	11.0
超微气泡（$0 < d \leqslant 0.05$）	100

气体体积与气泡直径、表面积之间的关系见表4-4。

气体体积、气泡直径、总表面积关系　　　　　　表4-4

气体体积（mm³）	气泡直径（mm）	气泡个数	气泡总表面积（mm²）
14.13	3	1	28.27
	0.085	44018.7	999.2

由表4-3、表4-4可见，气泡直径越小，其中所含氧向水体的传质率越高。相同体积的气泡，当其直径由 3 mm（表面积为 28.27 mm²）被切割成直径为 0.085 mm 后，气泡的个数从 1 个变成 44018.7 个，总表面面积达 999.2 mm²。表面积的增加，可极大地加速气相向液相的传质过程。

4.1.3 射流器充氧能力测定

1. 标准状态下的充氧性能

（1）标准状态是指射流器在大气压 0.1 MPa、水温 20℃时，对清水的充氧能力。

（2）充氧能力用氧总转移系数 K_{La} 表示，即在标准状态下，单位传质推动力作用时，单位时间向单位体积水中传递氧的数量。

（3）充氧能力用 Q_s 表示（单位为 kg/h），即射流曝气器在标准状态、单位时间向溶解氧浓度为零的水中传递的氧量。

（4）氧利用率 η（单位为 %），即在标准状态下，传递到水中的氧量占射流曝气器所吸入的空气中含有的氧量的百分比。

（5）理论动力效率 E_P [单位为 kg/(kW·h)]，即射流曝气器在标准状态条件下，消耗 1 kW·h 有用功所传递到水中的氧量。

2. 充氧量的测定原理与方法

1）充氧量的计算公式

射流曝气充氧属等温传质过程，氧为难溶于水的气体。在氧由气相向液相转移过程中，阻力主要来自液膜。液膜内氧传递微分方程式见式 (4-9)。

式 (4-9) 积分后得射流曝气器的氧总转移系数 K_{La} 计算式：

$$K_{La} = \frac{2.303}{t - t_0} \ln \frac{C_S - C_0}{C_S - C_t} \tag{4-16}$$

式中　K_{La}——测试条件下氧总转移系数，min⁻¹ 或 h⁻¹；

C_S——实验所得饱和溶解氧浓度，mg/L；

t——曝气延续的时间，min；

t_0——曝气开始的时间，min；

C_0——开始曝气时的 DO 浓度，$t_0=0$ 时，$C_0=0$ mg/L。

C_t——t 时间水体中的 DO 浓度，mg/L。

整理式（4-16）得：

$$\ln(C_S - C_t) = -K_{La} + 常数 \qquad (4-17)$$

由于溶解氧饱和浓度与水的温度及污水的性质有关，为了可比性，必须分别对清水与污水进行充氧实验，并把实验所得的结果，一律转化为标准状态（20℃水温，1 个大气压）下的清水充氧结果与污水充氧结果。

对水温的修正见式（4-14）。

对污水性质的修正，见式（4-10）～式（4-13）。

射流曝气器充氧能力计算：

$$Q_S = \frac{dC}{dt}V = K_{La(20)}C_S V \qquad (4-18)$$

式中　V——水样体积，m³；

$K_{La(20)}$——水温为 20℃时的 K_{La}；

C_S——20℃水温时的饱和溶解氧，mg/L；

Q_S——即标准状态下（水温 20℃、1 个大气压），每小时的充氧量，kg O₂/h。

2）充氧能力的测定方法

水池注满清水后，倒入已溶解的脱氧剂溶液，并迅速搅拌混合，使水中含有的溶解氧降至 0，开始曝气充氧，每隔 1~2 min，同步记录充氧时间 t_i 与溶解氧浓度 C_i，直至水中溶解氧达到饱和 C_S。

3）脱氧剂及需要量的计算

（1）脱氧剂采用工业亚硫酸钠

由于清水中含有一定量的溶解氧，因此测定前必须先要脱氧，使清水中的溶解氧脱至 0，脱氧剂采用无水亚硫酸钠（Na₂SO₃），无水亚硫酸钠投入清水后与水中的溶解氧反应：

$$2Na_2SO_3 + O_2 \xrightarrow{COCl_2} 2Na_2SO_4$$

相对分子质量之比为：

$$\frac{O_2}{Na_2SO_3} = \frac{32}{126} \approx \frac{1}{8}$$

无水亚硫酸钠（Na₂SO₃）的理论用量为水中溶解氧的 8 倍。因水中存在杂质，会消耗亚硫酸钠，故实际用量应为理论用量的 1.5 倍，实际投加 Na₂SO₃ 的量为：

$$W = 1.5 \times 8CV = 12CV \qquad (4-19)$$

式中　W——亚硫酸钠实际投加量，g；

C——测试时水中的溶解氧含量，mg/L；

V——水体体积，m³。

（2）催化剂及需要量计算：催化剂采用氯化钴 CoCl₂·6H₂O，根据水体体积 V 计算氯化钴用量。实践证明，清水中有效钴离子浓度达 0.4 mg/L 时，催化效果最好。

$$\frac{CoCl_2 \cdot 6H_2O}{CO^{2^-}} = \frac{238}{59} \approx 4.0$$

所以每立方米池容投加 $CoCl_2 \cdot 6H_2O$ 为：

$$0.4 \times 4.0 = 1.6 \ g/m^3$$

$CoCl_2 \cdot 6H_2O$ 的总投量为 $1.6 \ V$（单位为 g）。

4）测定步骤

（1）所需仪器及试剂

便携式溶解氧检测仪（型号：哈希 HQ-30D），风速测定仪（型号：AS8836-D32 mm，AS8336-D63，精度 ±3%），计时器，分析天平，流量计（精度 ±2%），气温、水温测定仪（精度 ±0.1%），压力表（精度 ±2%）。

无水亚硫酸钠、氯化钴。

（2）选定溶解氧浓度测定点

测点位置为：测点 1 池内水面下 0.5 m 处左右，测点 2 池内 1/2 水深处，测点 3 池底以上 0.5 m 处。

各测点距池壁至少为 0.6 m（池宽小于 1.2 m 时，测点位于池中）。

（3）清水注满水池，测试用水水温应在 10~30℃范围内，最好在 20℃左右，测试过程中水温变化幅度不应大于 2℃，每池水重复测定不应超过 2 次。

（4）记录水温与水中含有的溶解氧浓度。

（5）计算脱氧剂用量。用温水先溶解氯化钴后再投入亚硫酸钠，搅拌均匀。将药剂溶液由池面均匀撒入水中，迅速混合，充分脱氧，使水中溶解氧降到 0。

（6）当水中溶解氧浓度降为 0 时，开始曝气，同步记录时间 t_0，t_1，t_2，$\cdots$，$t_i$$\cdots\cdots$及各测点的溶解氧浓度 C_0，C_1，C_2，$\cdots C_i$$\cdots\cdots$直至水中的溶解氧达到饱和浓度 C_s 止。记录表见表 4-5。

（7）达到饱和浓度的标志是：持续曝气 20 min，溶解氧浓度增加值小于 0.1 mg/L，或 15 min 内溶解氧浓度基本保持不变时的浓度值。

3. 充氧实验举例

1）清水充氧实验

（1）充氧实验记录

水池容积为 33 m³，清水溶解氧浓度为 9.02 mg/L，测试时的清水水温23℃，用式（4-19）计算得无水亚硫酸钠投加量为 3572 g，则氯化钴投加量为 52.8 g，溶解后，把溶液均匀倒入水池中，并迅速混合搅拌，使水中溶解氧降至 0，开始记录时间为 t_0=0，C_0=0，开动射流曝气器充氧，同步记录 t_1，t_2，$\cdots$，t_n 及 C_1，C_2，$\cdots$，C_n，直至池水溶解氧达到饱和值 C_s，计算 C_s–C_t，$\ln(C_s-C_t)$，计算结果见表 4-5。

射流曝气器清水充氧实测数据记录表　　　　　　　　　　表 4-5

实验序号	时间	C_t（mg/L）	C_s-C_t（mg/L）	$\ln(C_s-C_t)$
1	00：00	0.24	8.44	2.132982309
2	00：30	0.51	8.17	2.100468909
3	01：00	0.66	8.02	2.081938422

实验序号	时间	C_t/（mg/L）	C_s-C_t（mg/L）	ln（C_s-C_t）
4	01：40	0.96	7.72	2.043814364
5	02：20	1.11	7.57	2.024193067
6	03：00	1.52	7.16	1.968509981
7	04：28	2.23	6.45	1.864080131
8	05：30	2.62	6.06	1.8017098
9	05：48	2.82	5.86	1.768149604
10	06：47	3.22	5.46	1.69744879
11	07：49	3.73	4.95	1.599387577
12	09：03	4.23	4.45	1.492904096
13	09：35	4.96	3.72	1.313723668
14	10：12	5.1	3.58	1.2753628
15	10：42	5.32	3.36	1.211940974
16	11：56	5.66	3.02	1.105256831
17	12：58	5.91	2.77	1.01884732
18	13：56	6.22	2.46	0.90016135
19	14：09	6.25	2.43	0.887891257
20	14：41	6.38	2.30	0.832909123
21	15：18	6.61	2.07	0.727548607
22	15：39	6.67	2.01	0.698134722
23	16：14	6.89	1.79	0.58221562
24	16：42	6.87	1.81	0.593326845
25	17：19	7.11	1.57	0.451075619
26	17：44	7.16	1.52	0.418710335
27	18：42	7.39	1.29	0.254642218
28	19：11	7.47	1.21	0.19062036
29	19：45	7.56	1.12	0.113328685
30	20：12	7.7	0.98	-0.020202707
31	20：40	7.76	0.92	-0.083381609
32	21：11	7.85	0.83	-0.186329578
33	21：41	7.9	0.78	-0.248461359
34	22：21	8.01	0.67	-0.400477567
35	23：03	8.09	0.59	-0.527632742
36	23：31	8.16	0.52	-0.653926467
37	23：56	8.28	0.40	-0.916290732

续表

实验序号	时间	C_t/（mg/L）	C_s-C_t(mg/L)	ln（C_s-C_t）
38	24：14	8.38	0.30	-1.203972804
39	24：49	8.37	0.31	-1.171182982
40	25：25	8.25	0.43	-0.84397007
41	25：47	8.49	0.19	-1.660731207
42	26：15	8.58	0.10	-2.302585093
43	26：45	8.66	0.02	-3.912023005

根据表 4-5 点绘 ln(C_s-C_t)—t 关系曲线图，如图 4-5 所示。

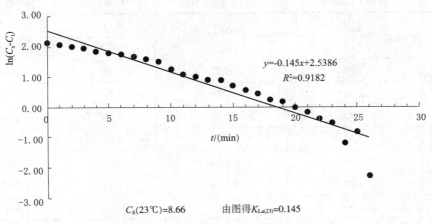

C_s(23℃)=8.66　　　由图得$K_{La(23)}$=0.145

图 4-5　ln(C_s-C_t)—t 关系曲线图

（2）测试结果分析

射流曝气器清水氧总转移系数 K_{La} 计算：

用半对数坐标，以纵坐标为 ln（C_s-C_t），横坐标为充氧时间 t，作 ln（C_s-C_t）-t 关系图，如图 4-5 所示，求出该线性方程的斜率即为 K_{La} 值。

用式（4-14）对 K_{La} 进行水温修正：

充氧能力用式（4-18）计算。

充氧动力效率用式（4-14）计算。

则
$$K_{La(20)} = \frac{K_{La(23)}}{1.024^{(23-20)}} = 0.135$$

20℃条件下的充氧能力
$$Q_s = K_{La(20)} \times C_s \times V = 60 \times 0.145 \times 9.08 \times 33 \times 10^{-3} = 2.61 \text{ kgO}_2/\text{h}$$

20℃时，饱和溶解氧为 9.08 mg/L。

清水充氧实际动力效率
$$E_p = \frac{Q_s}{0.7N_t} \tag{4-20}$$

式中　　E_p——充氧的动力效率，kg O₂/(kW·h)；

Q_s——每小时的充氧量，kg O₂/h；

0.7——实际消耗功率系数；

N_t——潜水泵铭牌功率，kW。

则实际充氧动力效率为：$E_p = \dfrac{2.61}{0.7 \times 2.2} = 1.7 \ \text{kg O}_2/(\text{kW·h})$

2）污水充氧实验

污水水温 23℃，污水原含溶解氧浓度 3.01 mg/L，无水亚硫酸钠投加量 1192 g，氯化钴投加量 52.8 g，污水充氧实验的测定数据与计算结果见表 4-6。

MFSJ型曝气射流器污水充氧能力记录表　　　　　　表 4-6

序号	时间 t（min）	C_t（mg/L）	C_s-C_t	ln（C_s-C_t）
1	0.00	0.06	9.11	2.209372711
2	1.00	0.17	9	2.197224577
3	2.00	0.72	8.45	2.134166441
4	2.30	0.76	8.41	2.129421474
5	3.00	0.99	8.18	2.101692151
6	3.30	1.31	7.86	2.061786606
7	4.00	1.61	7.56	2.02287119
8	4.30	1.75	7.42	2.004179057
9	5.00	2.17	7	1.945910149
10	6.00	2.29	6.88	1.928618652
11	6.30	2.55	6.62	1.89009537
12	7.30	2.91	6.26	1.834180185
13	8.00	3.31	5.86	1.768149604
14	8.30	3.35	5.82	1.761300262
15	9.00	3.55	5.62	1.726331664
16	10.00	3.67	5.5	1.704748092
17	10.30	3.78	5.39	1.684545385
18	11.00	4.07	5.1	1.62924054
19	12.00	4.18	4.99	1.60743591
20	12.30	4.29	4.88	1.58514522
21	13.00	4.41	4.76	1.560247668
22	13.30	4.8	4.37	1.474763009
23	14.00	4.85	4.32	1.463255402
24	14.30	4.79	4.38	1.477048724

序号	时间 t（min）	C_t（mg/L）	C_s-C_t	ln（C_s-C_t）
25	15.00	5.05	4.12	1.415853163
26	15.30	5.31	3.86	1.350667183
27	16.00	5.25	3.92	1.366091654
28	16.30	5.43	3.74	1.319085611
29	17.00	5.46	3.71	1.311031877
30	17.30	5.73	3.44	1.235471471
31	18.00	5.65	3.52	1.25846099
32	18.30	5.85	3.32	1.199964783
33	19.00	6.07	3.1	1.131402111
34	19.30	6.34	2.83	1.040276712
35	20.00	6.24	2.93	1.075002423
36	20.30	6.53	2.64	0.970778917
37	21.00	6.4	2.77	1.01884732
38	21.30	6.55	2.62	0.963174318
39	22.00	6.83	2.34	0.850150929
40	22.30	6.79	2.38	0.867100488
41	23.00	6.82	2.35	0.854415328
42	23.30	6.99	2.18	0.779324877
43	24.00	7.11	2.06	0.722705983
44	24.30	7.05	2.12	0.751416089
45	25.00	7.17	2	0.693147181
46	25.30	7.21	1.96	0.672944473
47	26.00	7.33	1.84	0.609765572
48	26.30	7.35	1.82	0.598836501
49	27.00	7.59	1.58	0.457424847
50	27.30	7.59	1.58	0.457424847
51	28.00	7.7	1.47	0.385262401
52	28.30	7.7	1.47	0.385262401
53	29.00	7.8	1.37	0.31481074
54	31.00	7.89	1.28	0.246860078
55	33.00	7.96	1.21	0.19062036
56	34.00	8.01	1.16	0.148420005
57	34.30	8.09	1.08	0.076961041

根据表 4-6，以 $\ln(C_S-C_t)$ 为纵坐标，时间 t 为横坐标作图，如图 4-6 所示，得污水的 $K_{La}=0.074$，充氧能力为 1.34 kg O_2/h。

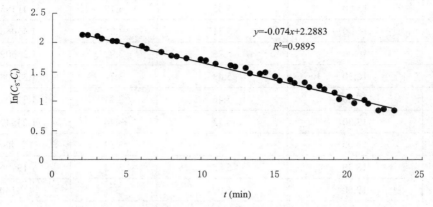

实验水温：23℃　C_S=8.6 mg/L　$K_{La(23)}$=0.074

图 4-6　$\ln(C_S-C_t)$—t 关系曲线图

对 K_{La} 进行校正，$K'_{La(20)} = \dfrac{K_{La(T)}}{1.024^{23-20}} = \dfrac{0.074}{1.074} = 0.069$

3）充氧能力计算

$Q_S=K_{La(20)} \times C_S \times V=60 \times 0.069 \times 9.17 \times 33 \times 10^{-3}=1.25$ kg O_2/h

实际充氧的动力效率 E_p：

$$E_p = \frac{Q_S}{0.7 N_t} = \frac{1.25}{0.7 \times 2.2} = 0.81 \text{kg } O_2 / (\text{kW·h})$$

4）α、β 修正系数

根据式（4-10）

$$\alpha = \frac{0.069}{0.145} = 0.48 = 48\%$$

根据式（4-12）

$$\beta = \frac{8.6}{9.08} = 0.947 = 94.7\%$$

均符合表 4-2。

4. 误差判定

每组 3 个测点的 K_{Las} 值与其均值误差均应在 ±5% 内为合格，否则应分析其原因，重新测定。

每种测试条件下的重复测定不得少于 3 次，其中 2 组的 K_{Las} 值与其均值误差应在 ±10% 以内，1 组的 K_{Las} 值其均值误差应在 ±15% 内为合格。否则应对误差不符合要求的组进行原因分析并重新测定。

4.2　液—液射流传质的基本原理

射流器应用于厌氧消化处理时，其作用是液—液射流，射流器的切割与混合的对象是射流器工作液中的厌氧活性污泥絮体和被抽吸入的厌氧活性污泥絮体，没有曝气的功能，而是切割絮体与搅拌的功能，加速基质向絮体内的传质速度，完成降解与合成等生化过程。故只能称为射流器。

4.2.1　射流厌氧反应的传质过程

射流厌氧反应基质的传质原理与好氧活性污泥法的传质原理基本一致。不同之处在于：前者为液—液两相之间的传质，后者属液—气—固三相之间的传质。

1. 液相中的基质向厌氧生物絮体外液膜的传质（图4-7）

（1）基质通过外液膜后到达厌氧生物絮体（固相）与混合液（液相）的交界面。

（2）基质先穿过絮体表面的液膜，再在液膜内部传递，属于厌氧生物絮体的外传质。

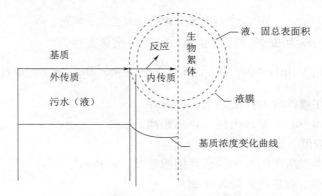

图4-7　液相基质向絮体内传质过程的示意图

（3）基质穿过液膜及在向絮体内部的内传质过程中，逐渐被厌氧活性细胞利用，浓度不断降低。

2. 厌氧生化反应过程

厌氧生化反应过程包括传质、吸附、分解与合成等3个过程，属于异相反应。

传质反应的3个过程，是连续又相互制约的，每一步都可能对生化反应速率产生影响：

（1）基质向液、固（絮体）界面传质。传质开始时，因液相与界面间具有较大的浓度差，此时，基质的传递速度受外传质速度控制而处于外传质区。

（2）基质进入生物絮体后，絮体内活性细胞的生物反应速度低于基质的外传质速度时，被消耗的基质能及时得到补充，絮体内部的基质浓度接近于表面的浓度，这时总的反应速度不受传质速度的影响而处于内传质区，絮体内部的细胞可充分发挥作用。

（3）当絮体内部细胞的生物反应速度大于基质的内传质速度，内传质速度又小于外传质速度时，生物絮体表面的基质浓度接近于生物絮体吸附平衡时的浓度，絮体内部的底物浓度由于受到内传质的影响而逐渐降低，絮体中心得不到基质的及时补充，基质浓度甚至可能降为0。因此絮体内部的细胞不能充分发挥作用，絮体越大不能发挥作用的细胞数越多，此时反应受到内传质速率的控制而处于内传质区。射流器的切割与搅拌功能，可使絮体颗粒变小，充分剥离出絮体内部细胞，使其有效地发挥厌氧消化反应功能。

选取半径为 R 的生物絮体，如图4-8所示。

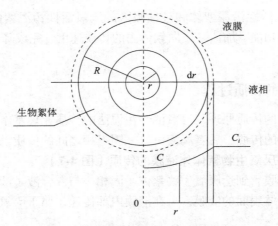

图 4-8　生物絮体内的浓度变化示意图

在絮体内任取一厚为 $\mathrm{d}r$ 的薄层建立基质的物料衡算方程：

$$4\pi\left(r+\mathrm{d}r\right)^2 D_\mathrm{S}\frac{\mathrm{d}}{\mathrm{d}r}\left(S+\frac{\mathrm{d}s}{\mathrm{d}r}\mathrm{d}r\right)-4\pi r^2 D_\mathrm{S}\frac{\mathrm{d}s}{\mathrm{d}r}=4\pi r^2\mathrm{d}r\rho_\mathrm{a}v \qquad (4\text{-}21)$$

式中　D_S——基质在絮体内的扩散系数，$\mathrm{cm^2/h}$；

　　　r——由絮体中心至絮体内任一点的距离，cm；

　　　S——基质浓度，$\mathrm{mg/cm^3}$；

　　　ρ_a——单位体积活性污泥中的活性细胞质量，$\mathrm{mg/cm^3}$；

　　　v——活性细胞对基质的降解速率。

4.2.2　厌氧反应动力学

1. 厌氧反应服从埃肯菲尔德一级反应动力学

单位质量的厌氧微生物对基质的降解速率可用埃肯菲尔德（Eckenfelder）一级反应动力学关系式表示：

$$r_\mathrm{s}=K_\mathrm{e}S_\mathrm{e} \qquad (4\text{-}22)$$

式中　r_s——厌氧反应器单位厌氧微生物对基质的降解速率；

　　　K_e——平均反应速率系数，即单位质量的厌氧微生物的平均反应速率系数。

　　　S_e——出流污水基质浓度；

考虑到基质中含有不可生物降解的 COD，则上式应改写为：

$$r_\mathrm{s}=K_\mathrm{e}\left(S_\mathrm{e}-S_\mathrm{n}\right) \qquad (4\text{-}23)$$

式中　S_n——不可降解的基质浓度。

2. 厌氧微生物去除基质的反应式

厌氧生物反应器内厌氧微生物去除基质的关系式：

$$Q\left(S_0-S_\mathrm{e}\right)=r_\mathrm{s}X_\mathrm{s}V_\mathrm{s} \qquad (4\text{-}24)$$

式中　Q——处理污水量；

　　　S_0——入流污水基质浓度；

　　　X_s——厌氧反应器内活性污泥浓度；

V_s——厌氧活性污泥的体积。

把式（4-23）代入式（4-24），整理后可得式（4-25）与式（4-26）：

$$Q(S_0 - S_e) = K_e(S_e - S_n)X_s V_s \qquad (4\text{-}25)$$

$$G_s = K_e S_e \rho_s A_s \delta \qquad (4\text{-}26)$$

式中 G_s——活性污泥絮体单位表面积的 COD(或 BOD) 降解量；

δ——厌氧活性污泥絮体的径向厚度；

A_s——厚度为 δ 的厌氧活性污泥絮体的表面积；

ρ_s——厌氧活性污泥絮体的密度。

式 (4-26) 表明，由于 K_e、S_e、ρ_s 可视为已知值，则污水中 COD(或 BOD) 的去除总量取决于厌氧活性污泥絮体的总表面积 A_s 与厌氧活性污泥絮体径向厚度 δ 的乘积。因此要提高 COD(或 BOD) 的去除率，只需增加厌氧活性污泥絮体的表面积即可。这正是射流器液—液喷射作用所能得到的效果。

第5章 射流曝气器的生化功能与活性污泥特性

5.1 射流曝气器的生化功能

5.1.1 射流曝气器的生化功能与活性污泥特性的测定

1. 射流曝气器生化功能的实验装置

射流曝气器生化功能及活性污泥特性的测定，分别在实验室与射流曝气污水处理厂现场进行。在污水处理厂现场进行的测定装置，采用有机玻璃制作的双级单喷嘴射流器，如图5-1所示，整体装置如图5-2所示。

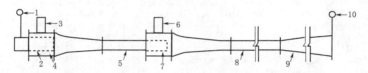

图5-1 射流曝气器结构图

1—工作压力表；2—孔口；3——级进气管；4—第一吸入室；5——级喉管；

6—二级进气管；7—第二吸入室；8—二级喉管；9—扩散管；10—压力表

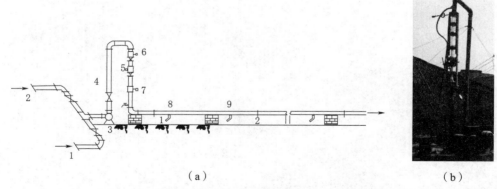

（a）　　　　　　　　　　　　　　　　（b）

图5-2 射流曝气器生化功能测定装置

(a) 测定装置示意图；(b) 测定装置照片

1—污水吸水管；2—回流污泥吸泥管；3—工作水泵（3BA—9型）；4—射流曝气器前取样管；

5—射流曝气器（见图5-1）；6—工作压力表；7—反压力表；8、9—射流曝气器后取样管

射流曝气器的工作液依次使用回流活性污泥、污水，或污水与回流活性污泥的混合液。

2. 射流曝气器中，三相之间的传质过程

第4章根据好氧反应与厌氧反应的不同，介绍了液—气射流与液—液射流的传质基本

原理。本章针对射流曝气器中三相之间（即气相、液相及固相——活性污泥絮体）的传质过程作简单复述。

当以污水与回流活性污泥的混合液作为工作液时，在一级喉管与二级喉管中形成混合激波，液、气、固三相之间互相切割，进行能量交换与传质，三相之间的传质过程及基质浓度在传质过程中的变化如图5-3所示。

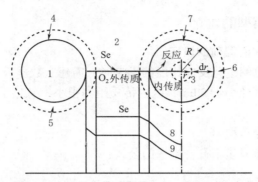

图5-3　液、气、固三相的传质过程及浓度变化图

1—气相（气泡）；2—液相主体（污水）；3—固相（活性污泥絮体）；

4—液体总表面积；5—包裹气泡的液膜1；6—包裹固相的液膜2；

7—液固总表面积；8—基质浓度变化曲线；9—溶解氧浓度变化曲线

三相传质是双膜理论（见本书4.1.2节）的扩展与应用，可分五个过程：①气相（气泡）中的氧向气液界面传递，在界面处溶于液膜；②氧通过液膜向液相主体2传递；③液相主体中的氧和基质向包裹固相的液膜6传递；④液膜6中的氧和基质向液固界面传递，在活性污泥絮体（固相）表面吸附与水解；⑤基质和氧被絮体表面吸收，并向絮体内部传递，在传递的过程中，不断被细胞生化分解与合成，因此浓度不断降低。上述第1、2步由射流曝气器的充氧作用与切割功能完成，称为外传质。外传质具有的阻力叫作外传质阻力，具有的速率叫作外传质速率。第5步称内传质和生化反应，内传质具有的阻力叫作内传质阻力具有的速率叫作内传质速率。整个过程包括传质、吸附、水解、吸收、生化分解和合成新的细胞质。内、外传质阻力与絮体内部细胞的生化反应速率之间的关系，决定了总的生化反应速度：

（1）当外传质阻力>内传质阻力时，总的生化反应速度受外传质阻力的控制，称外传质区。

（2）絮体内部细胞的生化反应速率<外传质速率和内传质速率时，总的生化反应速度不受传质速率的影响而处于内动力学区间。由于内酶的存在，这种情况不大可能会发生。

（3）当细胞的外传质速率>生化反应速率>内传质速率时，絮体表面的基质和氧的浓度接近于活性污泥吸附平衡时的浓度，絮体内部的基质底物和氧的浓度，越靠近絮体中心越低，甚至为零，使得絮体内部的细胞不能充分地发挥作用。絮体越大，不能发挥作用的细胞也越多。这时，总的生化反应受到内传质速率的控制，处于内传质区。

由于射流曝气器的切割作用，三相之间的接触界面不断增加与更新，液膜1与液膜2的厚度被压缩，气泡与絮体不断被破碎，有效的细胞数大大增多。由附加压强公式 $\Delta P = \dfrac{2\sigma}{R_0}$（其中，$\Delta P$——气泡的附加压强，$R_0$——气泡的半径，$\sigma$——表面传质阻力），$R_0$越小，$\Delta P$越大，氧的分压越高，有利于氧与基质的传递。由于上述作用，加速了传质过程的前 4 个步骤。故可认为基质和氧在液相中的浓度是一致的。实验证明，脱氧清水在经过射流曝气器的几秒钟内，溶解氧 DO 即达到饱和（见本书 3.2.3 节），活性污泥对基质的吸附也接近平衡，因此外传阻力可忽略不计。而基质在液膜内的浓度降低很小（小于 1 mg/L），与絮体的内传阻力相比，也可忽略不计。由此可见，体系中需着重考虑的问题是絮体的内传质及其对总的生化反应速度的影响。

5.1.2　生化功能数学模型的建立

1. 建立生化功能数学模型前的设定

研究内传质及其对总的生化反应速度的影响时，需建立数学模型，建模前的设定：

（1）絮体为球状，直径小于 5 μm，因内传质阻力很小，忽略不计，分散的细胞也忽略不计。

（2）细胞在絮体内分布均匀。

（3）细胞对基质的降解速率符合米—门公式：

$$v = -\frac{1}{X_a}\frac{ds}{dt} = \frac{v_{max}S}{K_S + S} \tag{5-1}$$

在基质浓度很低时，成一级反应方程式，可写成：

$$\frac{ds}{dt} = -KX_aS \tag{5-2}$$

式中　S——基质浓度，mg/cm³；

　　　X_a——活性细胞浓度，mg/cm³；

　　　K_S——米氏常数，mg/cm³；

　　　t——反应时间，h；

　　　v_{max}——最大反应速率；

　　　K——一级反应速率常数，cm³/(mg·h)。

（4）基质在液、固界面的浓度近似等于液相中的浓度。

（5）基质向活性污泥絮体内部的传质属于分子扩散，服从菲克（Fick）扩散定律（见式（4-1）），但式中的参数需要调整：

$$F = -D_s\frac{ds}{dr} \tag{5-3}$$

式中　F——基质通量，mg/(cm²·h)；

　　　D_s——基质在絮体内的扩散系数，cm²/h；

　　　r——由絮体中心至絮体内任一点的距离，cm。

（6）属稳态条件，即 $\frac{ds}{dt} = 0$。

2. 传质过程的物料平衡方程式

列出图 5-3 中内传质过程的物料平衡方程式，见式（4-21）。

即从（$r + dr$）球面传入的量 -r 球面传出的量 =dr 层内生化降解量。

整理式（4-21）并略去高价无穷小得：

$$\frac{d^2s}{dr^2} + \frac{2}{r}\frac{ds}{dr} = \frac{\rho_a}{D_S}v \tag{5-4}$$

把式（5-1）代入式（5-4）得：

$$\frac{d^2s}{dr^2} + \frac{2}{r}\frac{ds}{dr} = \frac{\rho_a}{D_S}\frac{v_{max}S}{K_S + S} \tag{5-5}$$

低基质浓度时，可简化为：

$$\frac{d^2s}{dr^2} + \frac{2}{r}\frac{ds}{dr} = \frac{\rho_a}{D_S}KS \tag{5-6}$$

式中　ρ_a——单位体积活性污泥中活性细胞质量，mg/cm^3。

边界条件：

$$r = 0, \frac{ds}{dr} = 0$$
$$r = R, S = S_e \tag{5-7}$$

由式（5-6）、式（5-7）求得方程的解：

$$S = S_e \frac{R}{r} \frac{sh\left(r\sqrt{\frac{K\rho_a}{D_S}}\right)}{sh\left(R\sqrt{\frac{K\rho_a}{D_S}}\right)} \tag{5-8}$$

式（5-8）即在稳态条件下，半径为 R 的球状絮体内的基质浓度分布函数。

因为絮体内总的反应速率应等于基质从絮体外表面向内的传质速率，半径为 R 的单一活性污泥絮体实际反应速率可由下式求得：

$$v = A \cdot f = 4\pi R^2 D_S \left(\frac{ds}{dr}\right)_{x=R} = 4\pi R^2 D_S S_e \sqrt{\frac{K\rho_a}{D_S}} \left(\frac{1}{th\sqrt{\frac{K\rho_a}{D_S}}R} - \frac{1}{\sqrt{\frac{K\rho_a}{D_a}}R}\right) \tag{5-9}$$

式中　A——半径为 R 的絮体外表面积，cm^2。

当不考虑内传质阻力时，絮体内的基质浓度梯度为零，基质的浓度等于液相中的浓度 S_0，故半径为 R 的絮体，反应速率应为：

$$v_0 = \frac{4}{3}\pi R^3 \rho_a K S_e \ (mg/h) \tag{5-10}$$

3. 数学模型的建立

为了表示内传质阻力对总的反应速率的影响，引进活性污泥的有效系数 ψ，ψ 的物理意义是：

$$\psi = \frac{活性污泥对基质的实际降解速率}{无内传质阻力时污泥对基质的降解速率} \tag{5-11}$$

对于半径为 R 的絮体，其有效系数 ψ 值为：

$$\psi = \frac{v}{v_0} = \frac{3}{R}\frac{1}{\sqrt{\frac{K\rho_a}{D_S}}}\left(\frac{1}{th\sqrt{\frac{K\rho_a}{D_S}}R} - \frac{1}{\sqrt{\frac{K\rho_a}{D_S}}R}\right) \tag{5-12}$$

再定义一个无因次参数 ϕ:

ϕ 称为内扩散模数，物理意义是，絮体粒径越大，由于传质阻力的影响，从絮体表面至中心的浓度梯度也较大，絮体内的细胞因基质浓度不足，而丧失活性，反应速率降低。ϕ 是表征内传质影响的重要参数。

$$\phi = R\sqrt{\frac{K\rho_a}{D_S}} \tag{5-13}$$

把式（5-13）代入式（5-12）得:

$$\psi = \frac{3}{\phi}\left(\frac{1}{th\phi} - \frac{1}{\phi}\right) \tag{5-14}$$

ψ 与 ϕ 的关系曲线如图 5-4 所示。

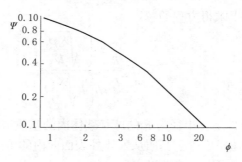

图 5-4　ψ—ϕ 关系曲线

可见，ϕ 越大，ψ 越小。物理意义是：絮体粒径越大，由于内传质阻力的影响，形成由絮体表面至内部的浓度梯度也越大，使絮体中心某一区域内的细胞受基质、溶解氧 DO 的抑制而丧失活性，不能充分发挥作用，影响反应速率。如果细胞代谢速率越快（K 值越大），基质或溶解氧 DO 的内传质速率越慢，即 D_S 值越小。在一定条件下，K、ρ_a 和 D_S 可视为常数。因此有效系数 ψ 直接受絮体大小的影响，由于射流曝气器的切割作用，ψ 值得到提高。此为射流曝气器的生化功能得发挥的重要因素。

事实上，活性污泥絮体大小不一，式（5-14）是无法应用的，现以 v_T 表示任一半径为 R_i 的絮体的反应速率，则体系中活性污泥总反应速率为:

$$v_T = \sum_{i=1}^{\infty} n_i v_i = \sum_{i=1}^{\infty} n_i 4\pi R_i^2 D_S S_e \sqrt{\frac{K\rho_a}{D_S}}\left(\frac{1}{th\sqrt{\frac{K\rho_a}{D_S}}R_i} - \frac{1}{\sqrt{\frac{K\rho_a}{D_S}}R_i}\right) \tag{5-15}$$

式中　n_i——半径为 R_i 的絮体个数。

相应地:

$$v_{0T} = \sum_{i=1}^{\infty} n_i \frac{4}{3}\pi R_1^3 \rho_a K S_e \tag{5-16}$$

式中　v_{0T}——不受传质影响时，活性污泥絮体的总反应速率。

因有效系数 $\psi = \frac{v_T}{v_{0T}}$（式 5-12），把式（5-15）、式（5-16）代入式（5-17）整理得:

$$\tag{5-17}$$

$$\psi = \frac{3\sum\limits_{i=1}^{\infty} n_i R_i \phi_i \left(\dfrac{1}{th\phi_i} - \dfrac{1}{\phi_i} \right)}{\sum\limits_{i=1}^{\infty} n_i R_i \phi_i^2} \qquad (5\text{-}18)$$

$$\phi_i = R_i \sqrt{\frac{K\rho_a}{D_S}} \qquad (5\text{-}19)$$

为了测定方便，把不同粒径的絮体区分成下列数组：5~10 μm($j=1$)，10~20 μm($j=2$)，20~30 μm($j=3$)，30~40 μm($j=4$)，40~50 μm($j=5$) 等，用 R_j，N_j 分别表示第 j 组的半径中值及个数，每组直径的中值用 d_j 表示。总个数为 N，则式（5-18）式可改写为：

$$\psi = \frac{3\sum\limits_{i=1}^{\infty} E_j R_j \phi_j \left(\dfrac{1}{th\phi_j} - \dfrac{1}{\phi_j} \right)}{\sum\limits_{i=1}^{\infty} E_j R_j \phi_j^2} \ (j=1,2,3\cdots) \qquad (5\text{-}20)$$

式中　$E_j = \dfrac{N_j}{N}$——每组絮体的个数与总数之比；

式（5-20）即为计算活性污泥有效系数 ψ 的数学模型。

5.1.3　ψ、ϕ 的测定方法与数学模型的应用

ψ、ϕ 值可用测定被射流曝气器切割前后活性污泥絮体及气泡数量和大小的方法计算出。数量与大小用显微镜计量与量测。

1. ψ、ϕ 值的测定方法

（1）不同工作压力下，气泡数量与大小的分布。为了计算方便，把气泡直径按 10 μm 为一组递增，每组直径的中值为代表该组的平均直径，把工作压力为 0.5 kg/cm²、1.0 kg/cm²、1.5 kg/cm²、2.0 kg/cm² 的测定结果记录于表 5-1。以直角坐标纸，纵坐标为出现的频率，横坐标为每组直径的中值作图，如图 5-5 所示。

所用射流曝气器及实验装置如图 5-1 与图 5-2a，尾管总长 40 m，设有 5 个取样点。

不同工作压力下，被切割以后的气泡大小分布见表 5-1。统计分析结果，气泡的大小符合正态分布，如图 5-5 所示。

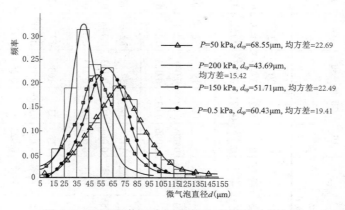

图 5-5　不同工作压力下微气泡直径正态分布图

表5-1

不同工作压力下，微气泡大小分布统计表

压力 (kg/cm²)	项目	5~15 / 10	15~25 / 20	25~35 / 30	35~45 / 40	45~55 / 50	55~65 / 60	65~75 / 70	75~85 / 80	85~95 / 90	95~105 / 100	105~115 / 110	115~125 / 120	125~135 / 130	135~145 / 140	145~155 / 150	155~165 / 160	粒径均值
0.5	频数	0	10	20	42	56	76	93	79	43	23	16	7	3	3	1	0	$d_{cp}=65.55$ μm 均方差=22.69
	频率	0	0.021	0.042	0.089	0.119	0.161	0.197	0.167	0.091	0.049	0.034	0.015	0.006	0.006	0.002	0	
	累计	0	0.021	0.063	0.152	0.271	0.432	0.629	0.796	0.887	0.936	0.970	0.985	0.991	0.997	0.999	0.999	
1.0	频数	3	12	19	52	101	109	82	45	26	9	5	2	1	1	1		$d_{cp}=60.43$ μm 均方差=19.41
	频率	0.006	0.026	0.041	0.111	0.216	0.233	0.175	0.096	0.056	0.019	0.011	0.004	0.002	0.002	0.002		
	累计	0.006	0.032	0.073	0.184	0.400	0.633	0.808	0.904	0.960	0.990	0.990	0.994	0.996	0.998	1.000		
1.5	频数	34	27	57	82	130	105	66	27	16	7	4	4	2	1	1		$d_{cp}=51.71$ μm 均方差=22.49
	频率	0.061	0.049	0.103	0.148	0.235	0.189	0.119	0.049	0.029	0.013	0.007	0.007	0.004	0.002	0.002		
	累计	0.061	0.110	0.213	0.361	0.579	0.768	0.887	0.936	0.965	0.978	0.985	0.992	0.996	0.998	1.000		
2.0	频数	12	33	103	172	130	61	27	8	3	1	1	2					$d_{cp}=43.69$ μm 均方差=15.42
	频率	0.022	0.060	0.186	0.311	0.235	0.110	0.049	0.014	0.005	0.002	0.002	0.004					
	累计	0.022	0.082	0.268	0.579	0.814	0.924	0.973	0.987	0.992	0.994	0.996	1.000					

由表 5-1 可知，压力每提高 50 kPa，气泡直径的均值约减小 10 μm，如以相同体积计，气泡的总表面积 A 与直径 d 成反比：

$$\frac{A_2}{A_1} = \frac{d_1}{d_2} \tag{5-21}$$

将气泡直径的均值代入式（5-21）计算，工作压力为 150 kPa 时，比工作压力 50 kPa 时的气泡表面积增加约 33%；工作压力为 200 kPa 工作压力为 50 kPa 时气泡表面积增加约 57%。实际上，由于工作压力增高，吸气量也相应增大，增加的数值大大超过上述数值。由图 5-5 知 150 kPa 压力时，吸气量比 50 kPa 时多 55%，故表面积增加值应为 $\frac{68.55}{51.71} \times 1.55 = 2.05$，即增加 105%；200 kPa 压力时，吸气量比 5 kPa 时多 80%，故表面积增加值应为 $\frac{68.55}{43.69} \times 1.8 = 2.82$，即 180%。但是，工作压力越高，所消耗的能量也越多，不同工作压力下，孔口处的射流能量之比为：

$$\frac{W_2}{W_1} = \frac{\gamma Q_2 h_2}{\gamma Q_1 h_1} = \left(\frac{h_2}{h_1}\right)^{3/2} \tag{5-22}$$

式中　W_1，W_2——工作压力分别为 h_1，h_2（mH_2O）时的功率；

　　　　γ——工作液相对密度。

不同工作压力下，射流曝气器消耗的功率、气泡总表面积及单位功率所增加的气泡表面积之间的关系见表 5-2。

工作压力与气泡总表面关系表

表 5-2

工作压力（kg/cm²）	射流曝气器消耗功率（倍数）	微气泡总表面积（倍数）	单位功率所增加的表面积（倍数）
0.5	1	1	1
1.5	5	2.05	1.21
2.0	8	2.82	1.225

可见，工作压力升高，单位功率所增加的气泡表面积很少。例如，工作压力从 50 kPa 提高到 200 kPa，射流曝气器消耗的功率增加了 8 倍，而单位功率所增加的气泡表面积仅提高 1.225 倍，故工作压力不必太高。

（2）不同工作压力下，絮体的个数与大小分布，见表 5-3。由于被切割后的气泡数量增多，大小分布比较分散，为了统计计算方便起见，也把絮体大小以 10 μm 为递增单位分组，即 5~10 μm，10~20 μm，20~30 μm……每组直径以其中值 d_j 表示，个数计为 N_j，总个数计为 N，每组个数占总个数的百分数为 N_j/N。总体积计为 V，每组的体积计为 V_j，V_j/V 为该组占总体积的百分数，测定结果记录于表 5-3。根据表 5-3 作射流曝气器前、后不同粒径活性污泥絮体的个数及体积分布图，如图 5-6 所示。

由图 5-6 可见，射流曝气器前，大颗粒的絮体个数占总个数虽不多，但所占体积却很大；而射流曝气器后，小颗粒絮体的个数增多，其所占体积的比例也增大，不同粒径絮体分布较均匀。从图 5-7 可以清楚地看出：粒径小于 40 μm 的絮体个数占总数 90% 以上，小

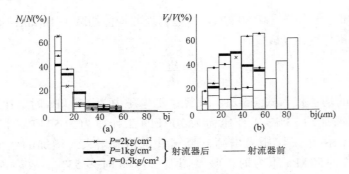

图 5-6　射流曝气器前、后絮体个数及体积分布图

活性污泥絮体直径与个数量测结果的统计表　　　　　　　　　　表 5-3

射流曝气器前（工作压力 $P=50\mathrm{kPa}$ ）								
粒径(μm)　d_j 项目	5~10 8	10~20 15	20~30 25	30~40 35	40~50 45	50~60 55	60~70 65	70~80 75	80~90 85
粒数 N_j	58	36	5	2	1	1	1	1	1
频率 N_j/N(%)	54.7	34.0	4.7	1.9	0.9	0.9	0.9	0.9	0.9
累计频率	54.7	88.7	93.4	95.3	96.2	97.1	98.0	98.9	99.8
体积 V_j	15540.9	63585.0	40885.4	44875.8	47688.8	87069.6	148720.4	220781.3	321392.1
体积分数 V_j/V	1.6	6.5	4.1	4.6	4.8	8.8	14.6	22.4	32.6
累计体积分数	1.6	8.1	12.2	16.8	21.6	30.4	45.0	67.4	100

射流曝气器后（$P=50\mathrm{kPa}$ ）						
粒数 N_j	87	64	11	4	7	4
频率 N_j/N(%)	49.1	36.2	6.2	2.3	3.9	2.3
累计频率	49.1	85.3	91.5	93.8	97.7	100
体积 V_j	23311.4	113040.0	89947.9	89751.7	333821.3	348278.3
体积分数 V_j/V	23	11.3	9.0	9.0	33.4	34.9
累计体积分数	2.3	13.6	22.6	31.6	65.0	99.9

射流曝气器后（$P=100\mathrm{kPa}$ ）						
粒数 N_j	70	56	29	11	4	2
频率 N_j/N(%)	40.7	32.5	16.9	6.4	2.3	1.2
累计频率	40.7	73.2	90.1	96.5	98.8	100
体积 V_j	18756.3	98910.0	237135.4	246817.1	190755.0	174139.2
体积分数 V_j/V	1.9	10.2	24.5	25.5	19.7	18.0
累计体积分数	1.9	12.1	36.6	62.1	81.8	99.8

射流曝气器后（$P=200\mathrm{kPa}$ ）						
粒数 N_j	144	51	12	5	1	1
频率 N_j/N(%)	67.3	23.8	5.6	2.3	0.5	0.5
累计频率	67.3	91.1	96.7	99.0	99.5	100
体积 V_j	38584.3	90078.8	98125.0	112189.6	47688.8	87069.6
体积分数 V_j/V	8.1	19.0	20.7	23.7	10.1	18.4
累计体积分数	8.1	27.1	47.8	71.5	81.6	100

于 60 μm 的絮体体积，射流曝气器前约占总体积的 30%，射流曝气器后约占 99%，不同粒径的絮体的个数分布及体积分布，均在 30~40 μm 处有较大转折，故引入如下两个参数，以定量计算射流曝气器的切割程度：

E_{40N}：直径小于 40 μm 的絮体个数占总个数的百分比；

E_{30v}：直径小于 30 μm 的絮体体积占总体积的百分比。

表 5-4 是根据大量测定结果统计计算的 E_{40N} 和 E_{30v} 值。如工作压力为 100 kPa，射流曝气器后的 E_{30v} 值较射流曝气器前减少约 20%，E_{40N} 增加约 3%。

2. 生化功能数学模型的应用

（1）E_{30V} 参数，能定量地反映射流曝气器对活性污泥的切割程度，并把活性污泥的破碎程度、内传阻力的影响、活性污泥的有效系数 ψ 及射流曝气器的功能联系起来。ψ—E_{30V} 相关性较好，对分析活性污泥系统中内传质阻力的影响具有实用价值。

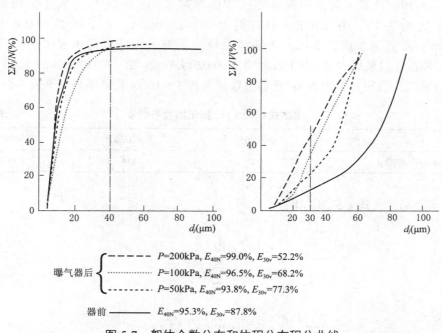

曝气器后 $\begin{cases} ----\ P=200\text{kPa}, E_{40N}=99.0\%, E_{30v}=52.2\% \\ \cdots\cdots\ P=100\text{kPa}, E_{40N}=96.5\%, E_{30v}=68.2\% \\ ----\ P=50\text{kPa}, E_{40N}=93.8\%, E_{30v}=77.3\% \end{cases}$

器前 ——— $E_{40N}=95.3\%, E_{30v}=87.8\%$

图 5-7　絮体个数分布和体积分布积分曲线

射流曝气器前、后的 E_{40N} 和 E_{30v} 值　　　　　　　表 5-4

参数	测定次数	射流曝气器前	射流曝气器后		
			50kPa	100 kPa	200 kPa
E_{40N}（%）	1	95.7	98.4	96.5	99.0
	2	95.5	96.1	97.9	99.0
	3	94.8	93.8	97.6	99.2
	4	95.3	95.6	99.0	97.2
	5	92.5		97.6	
	均值	94.8	96.0	97.7	98.6

参数	测定次数	射流曝气器前	射流曝气器后		
			50kPa	100 kPa	200 kPa
E_{30v} （%）	1	77.9	43.7	63.2	44.8
	2	81.4	78.3	67.7	52.2
	3	79.9	77.3	69.5	39.4
	4	87.8	80.5	40.1	78.5
	5	94.2			
	均值	84.2	70.0	60.1	53.7

（2）ψ 与 ϕ 值的计算与应用。

用式（5-19）计算 ϕ 时，应先确定式中的参数 K、ρ_a 和 D_S 值。氧在生物絮体中的扩散系数 D_S 约为 $10^{-5} \sim 10^{-6}$ cm²/S，葡萄糖为 $10^{-6} \sim 10^{-7}$ cm²/s。本书的 $D_S = 3.0 \times 10^{-6}$ cm²/s，$\rho_a = 0.3$ g/cm³，K 值与水质、水温、活性污泥性质等有关，城市污水 $K = 0.0168 \sim 0.0281$ L/(mg·h)，本书分别采用 $K = 0.005$ L/(mg·L)、0.020 L/(mg·L)、0.030 L/(mg·h) 进行计算。絮体粒径 $R = d/2$，直径 d 见表 5-3，把各参数代入式（5-19），计算结果列于表 5-5。

根据式（5-19）计算无因次参数 ϕ 　　　　　　表 5-5

	$K = 0.005$	$K = 0.020$	$K = 0.030$
无因次参数 ϕ	0.037	0.074	0.090

把 ϕ 值分别代入式（5-20）得：

$$\psi = \frac{3\sum_{j=1}^{\infty} E_j R_j^2 \left(\dfrac{1}{\text{th}\,3.7 \times 10^{-2} R_j} - \dfrac{10^2}{3.7 R_j} \right)}{3.7 \times 10^{-2} \sum_{j=1}^{\infty} E R_j} \tag{5-23}$$

$$\psi = \frac{3\sum_{j=1}^{\infty} E_j R_j^2 \left(\dfrac{1}{\text{th}\,7.4 \times 10^{-2} R_j} - \dfrac{10^2}{7.4 R_j} \right)}{7.4 \times 10^{-2} \sum_{j=1}^{\infty} E_j R_j} \tag{5-24}$$

$$\psi = \frac{3\sum_{j=1}^{\infty} E_j R_j^2 \left(\dfrac{1}{\text{th}\,9.0 \times 10^{-2} R_j} - \dfrac{10^2}{9.0 R_j} \right)}{9.0 \times 10^{-2} \sum_{j=1}^{\infty} E_j R_j} \tag{5-25}$$

把各次量测的数据代入上式计算有效系数 ψ 与无因次参数 ϕ 得：

$$\psi = \left(1.012 \sim 0.222 E_{30v}^2 \right)^{1/2} ; \quad \phi_j = 3.7 \times 10^{-2} R_j \tag{5-26}$$

$$\phi_j = 3.7 \times 10^{-2} R_j$$

$$\psi = \left(0.953 \sim 0.46 E_{30v}^2 \right)^{1/2} ; \quad \phi_j = 7.4 \times 10^{-2} R_j \tag{5-27}$$

$$\phi_j = 7.4 \times 10^{-2} R_j$$

$$\psi = \left(0.901 \sim 0.531 E_{30v}^2\right)^{1/2}; \phi_j = 9.0 \times 10^{-2} R_j \qquad (5\text{-}28)$$

$$\phi_j = 9.0 \times 10^{-2} R_j$$

再求得每一次量测结果的 E_{30v} 值。以 ψ 对 E_{30v} 描点，经统计分析得 ψ—E_{30v} 的关系图，如图 5-8 所示。

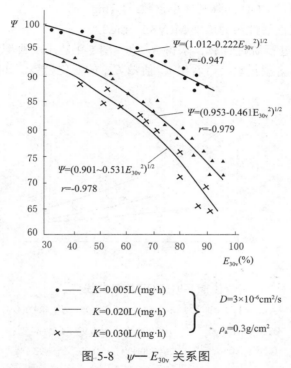

图 5-8　ψ—E_{30v} 关系图

可见，ψ 与 E_{30v} 有很好的相关性。数学模型式 (5-20) 可用于计算不同粒径絮体分布。有效系数 ψ 越大，ψ 受活性污泥粒径大小的影响越明显，即 E_{30v} 值越大，ψ 越小。物理意义是：活性污泥总体积中，大颗粒絮体的体积占很大部分，由于受内传质阻力的影响，大粒径絮体内部，基质与氧供不应求，使一部分细胞的代谢作用受到抑制而失去活性。细胞的代谢速率越快即 K 值越大，基质和氧的内传质速率越慢，即 D 值越小，这种影响就越明显。因此，射流曝气器的切割作用使 E_{30v} 值减小，ψ 增大。这就是射流曝气器的显著功能。根据图 5-9，COD_T（总 COD）的 K 为 0.02 和 0.03，工作压力为 100 kPa 时，射流曝气器后的 ψ 值提高约 10%，从而可加速总的反应速率，缩短曝气时间。

5.2　射流曝气活性污泥特性

射流曝气活性污泥特性是在污水处理厂与实验室同步测定得出。

5.2.1 活性污泥对基质的降解速率与耗氧速率

1. 活性污泥对基质的降解速率与耗氧速率

1）降解速率

对式（5-2）积分：

$$S = S_0 e^{-K_C X_v t} \tag{5-29}$$

式中　S_0、S——初始时刻及 t 时刻的 $COD_溶$，mg/L；

　　　K_C——溶解性 COD 的降解速率常数，L/(mg·h)；

　　　X_v——挥发性活性污泥浓度 MLVSS，mg/L。

对每组实验结果进行统计计算，求得 K_C 值，图 5-9 是几次典型实验的降解曲线，以各组实验的 K_C 值对 E_{30v} 值描点，可看出 K_C 值随 E_{30v} 的变化趋势，如图 5-10 所示。

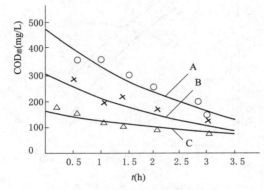

图 5-9　COD 降解曲线

A：$S = 1.1 S_0 e^{-0.00027 X_v t}$　$n=2000$rPm　$r=0.95$　$E_{30v}=89.0\%$

B：$S = 0.72 S_0 e^{-0.00033 X_v t}$　$n=3000$rPm　$r=0.92$　$E_{30v}=84.7\%$

C：$S = 0.64 S_0 e^{-0.00022 X_v t}$　$n=700$rPm　$r=0.90$　$E_{30v}=92.1\%$

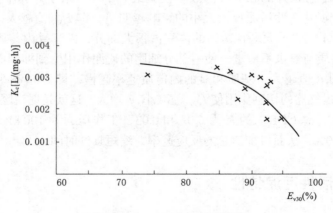

图 5-10　K_C—E_{30v} 关系曲线

可见，在水温、MLSS、基质浓度等相同的条件下，E_{30v} 值越小，单位重量活性污泥对 $COD_溶$ 的代谢速率常数 K_C 越大。

2）耗氧速率

把射流曝气器前未经切割和射流器后经切割的
活性污泥泥样取出后，迅速加入搅动中的测定装置
（图5-11），该装置中装有已知COD浓度的污水，
用磁力搅拌使活性污泥保持悬浮状。每隔2 min用
COD自动测定仪测定剩余的COD浓度。测定结果
表明，经切割后的耗氧速率比未切割的（射流曝气
器前的）高约30%。在射流曝气系统中，由于活性
污泥持续不断地被切割，使细胞经常处在不受或少
受内传质阻力的影响，絮体内基质与DO充足，生
物化学反应必然加速。

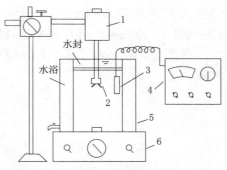

图5-11　测定装置

1—变速搅拌机；2—叶轮；3—DO探头；
4—DO测定仪；5—反应器；6—磁力加热搅拌器

3）射流曝气器对基质的去除作用

以污水为工作液时，经射流后，污水中的基质浓度并无明显降低。说明单纯的氧化作
用对COD的降解作用有限。若以回流污泥和污水的混合液作为工作液时，测定射流器前、
后的COD_T和$COD_溶$浓度，结果见表5-6。以工作压力为0.15 MPa为例，$COD_溶$的平均去
除率，射流曝气器前为18.7%，射流曝气器后为21%；工作压力为0.1 MPa时，射流器前
对$COD_溶$的平均去除率为13%，射流曝气器后为36%，提高了23%。

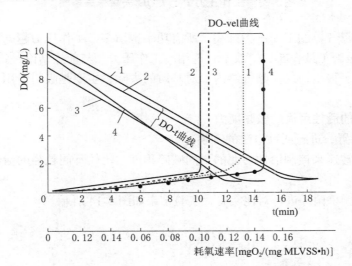

1. T=18℃，P=50 kPa，X_v274 mg/L，COD=521 mg/L，射流曝气器后污泥；
2. T=18℃，P=50 kPa，X_v368 mg/L，COD=521 mg/L，射流曝气器前污泥；
3. T=20℃，P=50 kPa，X_v352 mg/L，COD=370 mg/L，射流曝气器前污泥；
4. T=20℃，P=50 kPa，X_v308 mg/L，COD=370 mg/L，射流曝气器后污泥；

图5-12　时间、耗氧速率、溶解氧及水温的关系图

从图5-12的测定结果可明显得出：

（1）随着时间的延长，污水中的溶解氧不断被活性污泥絮体消耗，持续降低；

（2）耗氧速率曲线存在两种情况：射流曝气器前（曲线2与3）由于活性污泥未被切割与

再生，耗氧速率约为 0.1 mg O_2/(mg MLVSS · h)。而射流曝气器后，由于活性污泥经切割与再生（见曲线 1、曲线 4），耗氧速率提高到 0.14 mg · O_2/(mg MLVSS · h)。耗氧速率约提高 40%。

根据表 5-6，得出工作压力与 COD 去除率、单位功率 COD 去除率的关系图，如图 5-13 所示。

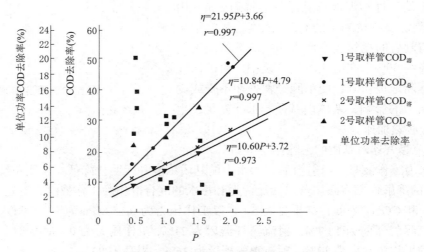

图 5-13 工作压力 P 与 COD 去除率关系图

考虑到射流曝气器的工作压力升高，所需功率也增多，工作压力越高，单位功率去除的 COD 下降越显著（见表 5-6），故不宜选用高工作压力。与前述结论一致。

从上述实验可得出，射流曝气器内部对基质的去除，主要是吸附作用，而不是生物化学分解作用。

2. 不同粒径的活性污泥的吸附能力

用图 5-11 装置，进行两种方法的实验：

（1）用叶轮转速来控制活性污泥的不同破碎程度，比较不同粒径的活性污泥对基质的吸附能力；

（2）用硫酸铜杀菌，进行对比实验，实验结果如图 5-14 所示。

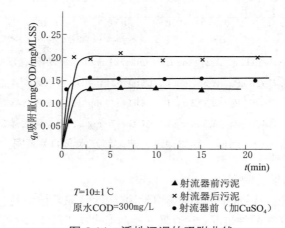

图 5-14 活性污泥的吸附曲线

不同工作压力下射流曝气器中基质的去除率

表 5-6

位置	底物	50kPa MLVSS (mg/L) 1	射前COD (mg/L) 2	射后COD (mg/L) 3	去除率η(%) 4	单位功率去除率(%) 5	80kPa MLVSS (mg/L) 1	射前COD (mg/L) 2	射后COD (mg/L) 3	去除率η(%) 4	单位功率去除率(%) 5	100kPa MLVSS (mg/L) 1	射前COD (mg/L) 2	射后COD (mg/L) 3	去除率η(%) 4	单位功率去除率(%) 5	150kPa MLVSS (mg/L) 1	射前COD (mg/L) 2	射后COD (mg/L) 3	去除率η(%) 4	单位功率去除率(%) 5
4号取样管射前	COD溶	2216	177	157	11.3		2226	202	173	14.4		2222	177	161	9.0		2438	203	167	17.7	
		2550	185	177	4.3	8.5	2588	202	162	19.8	7.0	2022	190	161	15.0	4.9	3144	167	147	12.1	3.6
		2468	183	171	6.6		3304	247	227	8.1		2466	181	153	15.5		3305	297	219	26.3	
		3092	276	244	11.6 平均8.5					平均14		2800	181	153	15.5 平均14					平均19	
8号取样管射后	COD溶	同上	同上	161	9.0		2226	202	177	12.4		同上	同上	149	15.8		2438	203	158	22.2	
		同上	同上	168	8.7	10.9	3304	247	217	12.2	6.1			157	17.2	5.7	2646	178	154	13.5	4.0
		同上	同上	154	15.9					Cp=12				149	17.7		3305	297	210	29.3	
		同上	同上	245	10.1 Cp=11									157	13.3 Cp=16					Cp=21	

69

从图 5-14 可见，吸附平衡时间约为 2 min，考虑到污水处理厂生产池的实际情况，吸附平衡时间用 10 min，设吸附平衡时，活性污泥的吸附量与 COD 浓度的关系符合朗格缪尔（Langnuir）吸附方程式：

$$q_c = \frac{q_c^0 bS}{(1+bS)} \quad (5-30)$$

式中　q_c——吸附平衡时的吸附量，mg COD/(mg MLSS)；

　　　S——吸附平衡时的 COD 浓度，mg/L；

　　　b——常数；

　　　q_c^0——饱和吸附量，mg COD/(mg MLSS)。

根据式（5-30），对实验数据进行统计计算，如图 5-15 所示。

实验结果表明，当 n=600 r/min，相当于 $E_{30V} \approx 93\%$；n=2000 r/min 时，相当于 $E_{30V} \approx 75\%$，

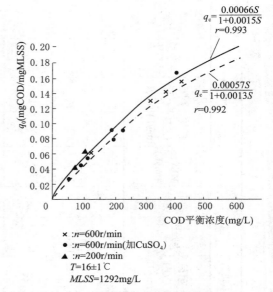

$$q_c = \frac{0.00066S}{1+0.0015S}$$
$$r=0.993$$

$$q_c = \frac{0.00057S}{1+0.0013S}$$
$$r=0.992$$

× ：n=600r/min
● ：n=600r/min(加CuSO₄)
▲ ：n=200r/min
T=16±1℃
$MLSS$=1292mg/L

图 5-15　不同搅拌时间的吸附等温线

大致与 0.05 MPa 压力时射流器前、后活性污泥的粒径分布相似，由于射流曝气器内属于等温压缩过程，可用等温吸附实验结果估算射流器中 COD 的去除率。根据表 5-6 的数据，取吸附平衡时的 COD 浓度为 200 mg/L，由图 5-15 计算吸附增量 $\Delta q = q_2 - q_1 \approx 0.102$-$0.090$=0.012 mg COD/mg MLSS，COD 去除率可用下式估算：

$$\eta = \frac{Q \times MLSS \times (q_2 - q_1)}{Q \times MLSS \times q_1} = \frac{\Delta q}{q_1} \quad (5-31)$$

代入数据得 $\eta = \frac{0.012}{0.090} \times 100\% = 13\%$

计算结果列于表 5-6 中，与 0.05 MPa 压力时的数据接近。

5.2.2　最初 15 min 吸附能力

射流曝气活性污泥的吸附能力，还可用射流曝气器出口处的，已被再生的活性污泥对有机污染物（以 COD 代表）的最初 15 min 吸附能力表示。

1. 最初 15 min 吸附能力的测定方法

（1）以回流污泥为工作液，取射流曝气器喷射孔口前、后的活性污泥泥样各 1000 mL，分别测定 SV、SS、VSS、SVI 值；

（2）并把已知基质 (COD) 浓度的污水分别与上述两种污泥样迅速混合；连续搅拌 15 min，完成对基质的吸附作用；然后沉淀 30 min，分别取上清液测定剩余的基质浓度 (COD)；试验需重复 4 次以上。

2. 最初 15 min 的吸附能力及吸附方程式

最初 15 min 的吸附能力原理：当活性污泥与污水接触后的最初 15 min，污水中的基质被活性污泥吸附。单位重量的活性污泥（以挥发分计）对基质的最初 15 min 吸附能力用下

式表达：

$$\frac{\mathrm{d}C_i}{\mathrm{d}s} = -K_c C_i \qquad (5\text{-}32)$$

积分后：$\int_{C_{i0}}^{C}\frac{\mathrm{d}C_i}{C_i} = -K\int_0^{S_a}\mathrm{d}s$ 即 $\frac{C_i}{C_{i0}} = C^{-K_c S_a}$ $\qquad (5\text{-}33)$

式中　C_i——吸附 t 时间后，静沉 30 min，取上清液测定剩余可生化降解的基质浓度（COD），mg/L；

C_{i0}——污水中可生化降解的基质的初始浓度（COD），mg/L；

S_a——活性污泥挥发分浓度，g/L；

K_c——最初吸附系数，与活性污泥的活性有关。

测定与计算结果列于表5-7。连续测定5天，每天重复4次，气温7~11.5℃，回流污泥温度12.4~12.9℃。

根据表5-7，以 $\left(1-\dfrac{C}{C_0}\right)$ 为纵坐标，以回流污泥挥发分浓度 S_a 为横坐标，在直角坐标上点绘曲线，各条曲线的渐近线所对应的纵坐标，即为污水中可生化降解的基质的浓度百分数 $\left(1-\dfrac{C}{C_0}\right)$，如图5-16所示。

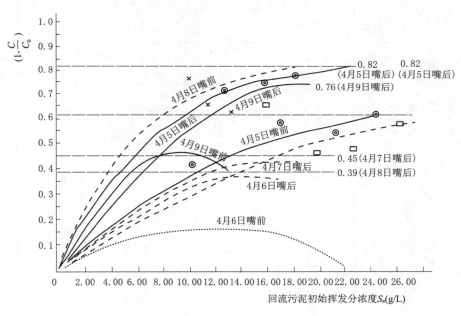

图5-16　回流污泥挥发分浓度 S_a—$\left(1-\dfrac{C}{C_{i0}}\right)$关系曲线

以回流污泥挥发分浓度 S_a 为横坐标，以 $\dfrac{C_i}{C_{i0}}$ 为纵坐标，在半对数坐标上作图，如图5-17所示。根据图5-17及表5-7的实测值，可以统计出活性污泥的最初 15 min 吸附方程式、吸附系数 K_c 值及其平均吸附方程式（5-34）。

表5-7

活性污泥最初 15 min 吸附方程式及吸附系数

日期	取样点	气温(℃)	污水 水温(℃)	污水 C₀(mg/L)	回流污泥 泥温(℃)	回流污泥 MLVSS(mg/L)	回流比(%)	吸附 15 min后上清液COD浓度(mg/L)	平均值	C/C₀	COD去除率 1-C/C₀	平均值	C_i(mg/L)	可生化降解的COD浓度 C_{t0}	C_t/C_{t0}	吸附方程式	15min吸附量(%)
1	2	3	4	5	6	7	8	9		10	11		12=13×14	13=5×10	14=12÷13	15	16
4月5日	喷嘴前	7.5	11.8	548.35	12.4	17.20	50	221.36	196.45	0.62	0.60	0.55	29.90	340.00	0.09	$\dfrac{C_t}{C_{t0}}=e^{0.1699 S_a}$ $R=0.9934$	35.8
						21.40		245.95			0.55		54.10		0.16		
						24.40		217.73			0.61		25.80		0.076		
						28.50		318.53			0.42		29.40		0.086		
	喷嘴后	7.5	11.8	548.55	12.4	12.70	50	153.22	126.65	0.82	0.72	0.79	54.50	449.80	0.12		76.9
						15.80		133.06			0.76		43.40		0.10		
						18.10		112.90			0.80		14.20		0.032		
						21.20		107.40			0.86		8.70		0.019		
4月6日	喷嘴前	7.0	11.9	157.25	12.75	13.40	50	131.04	141.73	0.18	0.17	0.043	2.14	28.30	0.076	$\dfrac{C_t}{C_{t0}}=e^{0.218 S_a}$ $R=0.9926$	9.80
						16.75		133.46			0.15		4.16		0.15		
						19.10		149.18			0.05		20.28		0.72		
						22.30		153.22			0.03		24.32		0.82		
	喷嘴后	7.0	11.9	157.25	12.75	9.10	50	108.86	102.0	0.39	0.31	0.34	12.96	61.30	0.21		35.0
						11.40		100.80			0.36		5.20		0.082		
						13.00		100.80			0.36		4.90		0.072		
						15.20		97.63			0.31		1.71		0.027		

续表

日期	取样点	气温(℃)	水温(℃)	C_0(mg/L)	泥温(℃)	MLVSS(mg/L)	回流比(%)	吸附15min后上清液COD浓度(mg/L)	平均值	C/C_0	COD去除率 $1-C/C_0$	平均值	C_i(mg/L)	可生化降解的COD浓度 C_{i0}	C_i/C_{i0}	吸附方程式	15min吸附量(%)
1	2	3	4	5	6	7	8	9	9	10	11	11	$12=13\times14$	$13=5\times10$	$14=12\div13$	15	16
4月7日	喷嘴前	11.25	12.5	100.2	12.4												
4月7日	喷嘴后	11.25	12.5	100.2	12.4	8.10	50	86.17	75.63	0.55	0.14	0.25	31.06	55.10	0.68	$\dfrac{C_i}{C_{i0}}=e^{0.1895 S_a}$	
						10.10		58.12			0.42		3.01		0.07		
						11.60		60.12			0.40		5.01		0.11		
						13.50		90.12			0.42		3.01		0.07		13.7
4月8日	喷嘴前	11.50	12.6	84	12.7	7.89	50	42.00	46	0.47	0.50	0.45	1.48	39.48	0.04		
						9.89		46.00			0.45		1.48		0.04		
						11.29		46.00			0.45		1.48		0.04		
						13.19		50.00			0.40		5.48		0.14		
4月8日	喷嘴后	11.50	12.6	84	12.7	8.70	50	40.00	30.5	0.76	0.50	0.54	19.84	63.84	0.31	$\dfrac{C_i}{C_{i0}}=e^{0.179 S_a}$ $R=0.985$	63.6
						10.87		34.00			0.60		13.84		0.22		
						12.43		26.00			0.69		5.84		0.091		
						14.50		22.35			0.50		3.194		0.05		

平均吸附方程式: $C_i = C_{i0}e^{0.189S_a}$ （5-34）

K_c=0.189 L/g

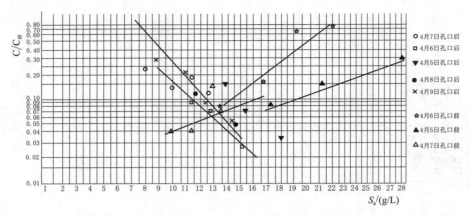

图 5-17　$C_i/C_{i0} \sim S_a$ 关系图

3. 吸附能力测定结果分析

（1）从表 5-7 的测定结果及图 5-17，可得出如下的结论：

回流活性污泥的活性较差，$\dfrac{C_i}{C_{i0}}$——S_a关系无一定规律，数据跳跃分散，并呈现反坡状态，几乎没有吸附能力。

（2）射流曝气器对回流活性污泥具有明显的再生作用，从表 5-7 第 5、9、10 列的实测数据知，未经再生的，即射流曝气器孔口前的回流活性污泥，对污水 COD 的最初 15 min 吸附量分别为 35.8%、9.8% 与 13.7%，经过射流曝气器后，相应提高到 76.9%、35% 与 63.6%，分别提高了 2.15 倍、3.57 倍与 4.64 倍，说明射流曝气器对活性污泥具有显著的再生吸附效果。

（3）吸附量与活性污泥的浓度成正比。

（4）由各次实测数据，可用回归统计法，统计出平均吸附方程式（式 5-34）以及最初 15 min 吸附系数 K_c=0.189 L/(g · h)。

活性污泥在通过射流曝气器时，被再生以及吸附能力的恢复与提高，仅仅是在约 4 s 内完成（射流器内总停留时间约 4 s）。

5.2.3　射流曝气器对活性污泥沉降性能的影响

研究表明，射流曝气的活性污泥絮凝与沉降性能均良好。分析其原因在于：

（1）经射流曝气器切割后，表面积增加，原絮体中的空穴被打破，活性污泥能迅速絮凝，絮体大而密实；

（2）射流曝气器后的混合液 SV 较射流器前减小 3%~5%，SVI 也相应减少。射流曝气活性污泥工艺从未发生过丝状菌膨胀。原因在于：射流曝气器对丝状菌的直接切割，Mesut　Sezgin 等人的研究表明：当 MLSS=700~4800 mg/L，每毫克 SS 中丝状菌总长度超过 10^7 μm 时，SVI 值随着丝状菌总长度的增长而急剧增加，当丝状菌总长度小于 10^7 μm 时，SVI 值随着絮体平均直径的增加而增加。故由于射流曝气器的切割作用，抑制了丝状菌的繁殖；射流曝气器对活性污泥的切割的间接作用：因丝状菌的 A/V（表面积/容积）比其他细菌大，故生存能力较强，在低基质与 DO 浓度时，能占优势。而大粒径絮体受内传质阻力的影响，易于造成絮体中心区缺氧与基质，故在中心区会首先繁殖丝状菌并不断向外生长。由于射流曝气器的切割，使颗粒变小，间接地抑制了丝状菌的繁殖。

（3）K. J. Willamson 和 P. O. Nelson 等人研究了溶解氧对活性污泥的活性和基质降解速度的影响，他们用 μg ATP/(mg·MLSS) 表示活性污泥的比活性。提出，如果直径大于 400 μm 的絮体存在时，要增加比活性和基质的降解速率 K，必须增加溶解氧。要做到这一点，一般的曝气方法需增加功率，而射流曝气法是依靠射流器的功能不需增加功率就能达到，这也显示出射流曝气法的优点与其经济性。

5.2.4 以高分子化合物为基质，测定活性污泥的特性

同济大学与上海市城建局，以高分子化合物（染料、淀粉、蛋白胨和尿素）作为基质，测定射流曝气法活性污泥与鼓风曝气法活性污泥的生化特性，作了深入的平行对比实验，摘录部分内容与读者分享。

1. 用次甲基蓝和番红 T 染料作为吸附质的测定

将两种染料分别配制成不同浓度的溶液，并以蒸馏水作空白对比，次甲基蓝在 652 μm、番红 T 在 20 μm 波长下比色，然后从各自的标准曲线中查出它们的浓度作为起始浓度。

用上述已配制成的染料溶液作为吸附质，测定活性污泥吸附能力。

测定方法：取一定量（以 N 定量）的活性污泥置于 100 mL 容量瓶内，将已知起始浓度的染料溶液稀释到刻度，用摇机摇 15 min，取 15 mL 水样，置于离心机内离心 2 min（3000 r/min），以蒸馏水作为空白，在选定的波长内对上清液进行比色，并从标准曲线上查出染料溶液的平衡浓度。活性污泥的吸附能力按下式计：

$$q_e = \frac{(C_i - C_e) \times 10^{-3} \times V}{W} \tag{5-35}$$

式中 q_e——吸附平衡时，单位重量活性污泥对染料的平衡吸附量，mg(染料)/mg 活性污泥（N）；

$\quad\quad C_i$——染料溶液的起始浓度，μg/mL；

$\quad\quad C_e$——吸附平衡时，染料溶液的剩余程度，μg/mL；

$\quad\quad V$——吸附体系的总体积（活性污泥 + 染料液），所取总体积为 100 mL；

$\quad\quad W$——活性污泥量，mg(N)/mL。

结果表明，两种活性污泥对两类染料的吸附作用与朗格缪尔吸附公式相附。

$$q_e = \frac{bC_e Q^0}{1 + bC_e} \tag{5-36}$$

式中 Q^0——两种活性污泥对次甲基蓝和番红 T 的饱和吸附容量。

射流曝气活性污泥对次甲基蓝的饱和吸附容量为 2.06 ng（染料）/mg 活性污泥（N），对番红 T 的饱和吸附容量为 1.07 ng（染料）/mg 活性污泥（N）；鼓风曝气活性污泥对次

甲基蓝的饱和吸附容量为 1.06 ng（染料）/mg 活性污泥 (N)，对番红 T 的饱和吸附容量为 0.5 g ng（染料）/mg 活性污泥（N）。

可见射流曝气活性污泥的吸附饱和容量比鼓风曝气活性污泥都高 1 倍左右。如图 5-18、图 5-19 所示，由于饱和吸附量与比表面积有关，可认为射流曝气活性污泥的比表面积比鼓风曝气活性污泥的大一倍。

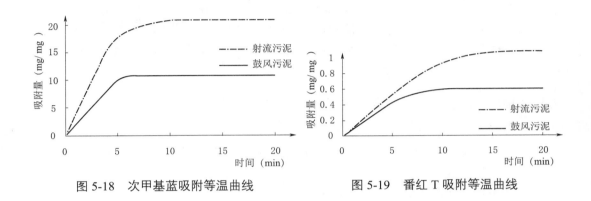

图 5-18　次甲基蓝吸附等温曲线　　　　　图 5-19　番红 T 吸附等温曲线

2. 活性污泥的脱氢能力

高分子污染物如淀粉、纤维素、蛋白质、脂肪酸，在微生物外酶的作用下，分别被水解成葡萄糖、氨基酸和有机酸等低分子有机物后，透入细胞进一步被利用与降解。有机物在微生物细胞内的降解过程中不仅有脱氢、脱氨或脱羧等的生物化学反应，而且好氧微生物还要吸收一定量的氧作为受氢体，使有机物无机化，最后转化成 CO_2 和 H_2O。

活性污泥的脱氢作用，可用氯化苯基四氮唑（简称 TTC）作为人工受氢体，TTC 是一种白色的粉剂，水溶液无色透明，接受氢后变成红色的甲臜（Formazan）。有机物脱下的氢越多，TTC 变成甲臜的量也越多，溶液的红色就越深，且可保持几小时不褪色。因此可作为活性污泥中微生物脱氢酶脱氢能力的定量指示剂。测定结果见表 5-8~表 5-10。

两种活性污泥脱氢酶能力　　　　　　　　　　　　　　　表 5-8

样品名称		脱氢能力 [TTC 还原量 μg/（活性污泥干重 mg·h⁻¹）]						脱氢能力（%）
		实验结果					平均值	
		1	2	3	4	5		
射流曝气	混合池污泥	20.28	10.86	22.82	18.78	21.84	20.74	145.7
	回流池污泥	23.04	22.38	19.32	23.40	22.18	22.07	158.9
鼓风曝气	混合池污泥	15.62	12.84	11.40	15.80	16.52	14.23	100
	回流池污泥	14.76	13.64	13.34	14.22	13.60	13.89	100

活性污泥淀粉酶的能力 表5-9

样品名称		淀粉酶能力 [mg/（mg·h）]					脱氢能力（%）
		实验结果				平均值	
		1	2	3	4		
射流曝气	混合池污泥	4.33	8.67	6.98	6.34	6.30	142
	回流池污泥	2.20	10.68	5.23	6.01	7.10	127
鼓风曝气	混合池污泥	2.88	6.35	3.05	5.56	4.45	100
	回流池污泥	1.66	8.78	1.64	5.90	6.07	100

活性污泥上清液中沉淀酶活能力 表5-10

样品名称		淀粉酶能力 [mg/（mg·h）]					脱氢能力（%）
		实验结果				平均值	
		1	2	3	4		
射流曝气	混合池污泥	0.62	0.96	0.16	0.16	0.48	117
	回流池污泥	0.44	0.11	0.11	0.11	0.19	111
鼓风曝气	混合池污泥	0.48	0.86	0.15	0.14	0.41	100
	回流池污泥	0.39	0.10	0.10	0.10	0.17	100

从表5-8~表5-10的对比实验结果可见，射流曝气法活性污泥的脱氢酶能力、淀粉酶能力，分别高于鼓风曝气法45.7%~58.9%和27%~42%。

活性污泥中的微生物分解蛋白胨、尿素时会产生出CO_2，因此可以根据产生的CO_2量的多少，来表示活性污泥对它的分解能力。测定结果见表5-11和表5-12。

从表5-11、表5-12的对比实验结果可见，射流曝气法活性污泥分解蛋白胨、尿素所产出的CO_2量，比鼓风曝气活产生的CO_2量多2~3倍以上。

活性污泥分解蛋白胨O_2吸收量及CO_2产生量 表5-11

样品名称		CO_2产生量 [μL/（mg 氮·h）]				O_2吸收量 [μL/（mg 氮·h）]				O_2结果比较（%）	CO_2结果比较（%）
		实验时间（min）									
		15	30	45	60	15	30	45	60		
射流曝气	混合液污泥	32.62	108.92	348.15	463.00	131.16	392.46	602.40	878.83	364	188
	回流污泥	148.42	251.65	362.87	463.60	148.43	372.33	542.80	935.13	546	324
鼓风曝气	混合液污泥	41.70	102.26	195.08	246.20	74.58	126.58	190.17	241.19	100	100
	回流污泥	35.31	81.20	106.83	142.60	83.89	109.14	142.00	180.40	100	100

活性污泥分解尿素时 CO_2 产生量 表 5-12

样品名称		CO_2 产生量 [μL/（mg 氮·h）]				结果比较（%）
		实验时间（min）				
		15	30	45	60	
射流曝气	回流污泥	19.31	149.80	35.77	251.64	161
	曝气池出口污泥	62.69	131.43	175.49	187.14	162
鼓风曝气	回流污泥	67.00	96.38	138.71	156.58	100
	曝气池出口污泥	47.40	76.35	127.23	130.64	100

两种活性污泥的 O_2 吸收率测定结果，见表 5-13。

两种活性污泥的 O_2 吸收率 表 5-13

样品名称		吸收率 [μL/（mg 氮·h）]	结果比较（%）
射流曝气	曝气池出口污泥	86.0	154
	回流污泥	100.2	173
鼓风曝气	曝气池出口污泥	55.8	100
	回流污泥	58.0	100

从表 5-13 可知，射流曝气活性污泥对氧的吸收率比鼓风曝气活性污泥的相应值多 54% 与 73%。

从各项实验数据看，无论是吸附性能、呼吸速率、脱氢作用，以及对淀粉、蛋白胨和尿素的分解能力等方面作比较，射流曝气活性污泥的生理性能都比鼓风曝气活性污泥优越。

第6章 异重流混合型射流曝气工艺

6.1 异重流混合的原理与工艺流程

6.1.1 异重流混合的原理与池型

大气中的氧向水体传质的速率与水温，气压，气、液接触界面面积及更新速度、接触时间等因素关系密切。射流曝气器本身对抽吸入的空气中所含有氧量的利用率仅为3%，其余97%左右的氧需要有适宜的池型相匹配，才能被继续利用，这种池型称为异重流混合型。

1. 异重流混合的原理

温度不同、含盐浓度不同、容积不同的两相流体互相接触时，都会产生异重流混合现象。

异重流混合的原理：

（1）气、液两相在射流曝气器内被压缩混合后，由于气体的热容量仅为液体的约1/800，气体被压缩所释放的热量，不足以改变液体的温度。因此，气、液两相混合压缩过程属于等温压缩过程。

（2）气、液两相压缩混合后，气相切割成乳化状，被连续流的液相裹挟，形成均质乳化液。

（3）均质乳化液的密度远小于射流曝气池内混合液的密度，此均质乳化液经射流曝气器射入曝气池后，由于两者存在着显著的密度差（均质乳化液容积的计算见本书6.2.2节）。两者相遇后，均质乳化液迅速上升，形成异重流。

2. 异重流混合的池型

异重流混合，可延长气、液两相的接触时间与传质过程。池型越深，效果越好，可设计成深池式（池水深度达10 m左右），或浅池式（池水深度5 m左右），这两种池型都可形成异重流混合的效果。

深池型工艺，为避免射流曝气器末端插入水体太深、造成背压过大、吸气比下降并增加能耗等不利因素，故深池式可安装中心导流筒，使均质乳化液射入池体后，在异重流的作用下，沿中心导流筒迅速上升，同时抽吸池底部的液体随之上升，并环绕中心导流筒作上、下循环流动，以满足上述各因素，提高氧的利用率与强化生化降解过程。浅池式可安装导流板，造成环流混合，达到同样的效果。

6.1.2 异重流混合型射流曝气工艺流程

异重流混合型射流曝气系统于1980年在乌鲁木齐市四宫建成投产，规模为2500 m^3/d，工艺流程如图6-1所示。

1. 工艺流程与异重流混合型射流曝气池的构造

污水处理厂调节池前有200 m明渠。

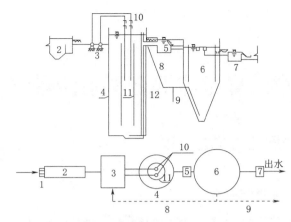

图 6-1　异重流混合型射流曝气工艺流程

1—格栅；2—沉砂池；3—泵房；4—异重流混合型射流曝气池；5—计量堰；

6—周边进水二次沉淀池；7—出水计量堰；8—回流污泥管；9—排泥管；

10—射流器；11—中心导流筒；12—出水管

格栅：栅条缝隙 2.5 cm。

沉砂池：长 5 m，宽 0.8 m，高 0.96 m，流速 1.44 m/min，停留时间 3.5 min。

异重流混合型射流曝气池。

周边进水二次沉淀池：直径 6 m，沉淀区深度 2.2 m，沉淀区有效容积 60 m³，污泥斗容积 34.5 m³。

计量堰：梯形计量堰，底宽 50 cm，测定处理污水量与回流污泥量。

污水泵：4 PW—7.5 kW，2 台，根据运行需要，每台可单独提升污水或回流污泥，也可同时提升污水与污泥，作为曝气工作液。

测定仪表：

压力表，1.5 级，测定水泵杨程与射流曝气器工作压力。

QDF—2A 型热球式电风速计，测定射流曝气器吸气量，计算吸气比（即射流系数）。

主要水质指标分析方法：

BOD 采用化学法，COD 采用重铬酸钾法，OC 采用高锰酸钾法，氨氮采用蒸馏比色法，DO 采用 DO 测定仪（瞬时水样），悬浮固体采用古氏坩埚抽滤法。

2. 当地的自然条件

乌鲁木齐市位于新疆中部，东经 87°28″，北纬 43°54″。据历年统计，冰冻天数 150 天，年降雪量 48~11 cm，年平均气温 6.9℃，历年最高气温 43.4℃（7 月份），历年最低气温 -41.5℃（1 月份），污水最高水温为 20.5℃，最低水温为 9.0 ℃。月平均气温与月平均污水水温如图 6-2 所示。

3. 污水性质

生活污水约占 60%，工业废水约占 40%，主要工业为金属加工、食品、非金属制品、屠宰与制药。

历年最高与最低污水水温与气温见表 6-1。

历年最高、最低污水水温与气温统计表　　　　　　　表6-1

最高温度（℃）		最低温度（℃）	
污水	气温	污水	气温
20.5	43.4	9.0	-41.5

实测月平均气温与污水水温如图6-2所示。

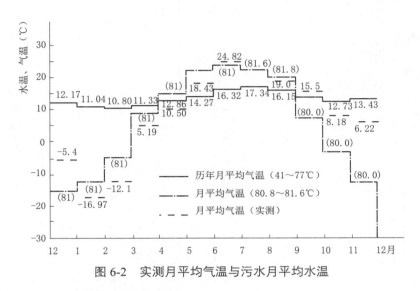

图6-2　实测月平均气温与污水月平均水温

逐日气温与污水水温变化曲线如图6-3所示。

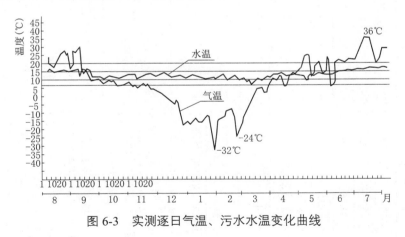

图6-3　实测逐日气温、污水水温变化曲线

6.2　异重流混合型射流曝气的工艺运行记录与设计

6.2.1　异重流混合型射流曝气池工艺运行记录

1. 历年污水水质与运行记录

历年污水水质与运行记录（摘录），见表6-2。

表 6-2

月均运行记录（摘录）表

日期	水量 (m³/d)	处理 (m³/h)	污泥回流量 (m³/h)	回流比 (m³/m³)	气水比 (m³/m³)	工作压力 (kPa)	曝气时间 (h)	沉淀时间 (min)		OD 原水 (mg/L)	OD 出水 (mg/L)	OD η (%)	COD 原水 (mg/l)	COD 出水 (mg/l)	COD η (%)
10月	2174	90.6	86.58	0.95	0.42	72	0.88	39.7	均值	24.2	9.37	61.3	120.9	43.49	64.1
11月	2174	90.6	86.58	0.95	0.42	72	0.88	39.7	均值	23.18	8.79	62.17	155.63	40.22	74.2
12月	836.88	34.84	54.56	1.56	0.42	72	2.3	103	均值	27.58	8.52	62.78	280.59	43.30	76.38
1月	1482	62.17	38.15	0.61	0.42	72	1.28	58	均值	31.19	8.068	73	226.98	50.73	
2月	1442	62.17	38.15	0.61	0.42	72	1.28	58	均值	14.49	7.89	83.17	384.52	39.75	84.77
3月	3044	130.98	22.6~55.5	0.4~0.6	0.42	72	0.65~0.57	30~26	均值	62.09	11.05	77	260.53	45.09	80.35
4月	1658	69.09	2.4	0.31	0.42	72	1.16	52	均值	40.45	13.0	66.80	226.42	46.1	77.13
5月	1337	55.21	34.9	0.63	0.42	72	1.44	64.6	均值	42.55	8.11	74.2	280.8	56.16	76.69
6月	1658	90.9	21.4	0.31	0.42	71	1.16	52	均值	52.24	15.79	81.32	216.54	56.82	72.34

注：表列原水、出水水质及去除率 η 值都是逐日的平均值。

续表

BOD₅ 原水 (mg/L)	BOD₅ 出水 (mg/L)	BOD₅ η (%)	SS 原水 (mg/L)	SS 出水 (mg/L)	SS η (%)	BOD₅/SS [kg/(kg·d)]	BOD₅/VSS [kg/(kgd)]	容积负荷 [kg BOD/(m³·d)]	MLSS (g/L)	MLVSS (g/L)	SVI	回流污泥 SS (g/L)	回流污泥 VSS (g/L)	气温 (℃)	曝气池水温 (℃)	电耗 [kgBOD/(kW·h)]	电耗 [m³/(kWh)]
126.33	18.53	85.3	194.96	34.3	81.57			3.42						12~5.5	15~12	0.92	8.55
114.33	10.97	90.4	270.28	31.1	84.06	0.426	0.51	1.476	3~4	2.33	50-80	6.8	4.5	-2~-23	10-13.7	0.68	6.44
113.02	12.25	89.16	189.12	27.75	82.2	0.528	0.726	2.077	3~4	2.70	50-70	10.95	7.79	-3~-32	9~12.5	1.18	11.73
198.57	15.77	92.1	242.9	28.6	84.1	0.74	0.96	3.41	3.5~4.5	3.06	35-65	9.5	6.1	-4~-23	11.4~10.5	2.14	11.73
122.96	23.42	77.94	137.6	38.93	53.8	1.368	1.73	4.48	4.5~3.5	2.3	40-80	14.4	7.84	7~13	10.5~13	1.23	12.35
122.70	12.47	89.48	167.82	29.13	78.38	0.62	1.043	2.438	4.0~3.0	2.30	75~20	22	12.86	2~26	10.3~14.5	1.44	13.04
124.7	10.4	91.6	204	32	80.16	0.55	0.69	2.09	4.5~3.5	2.67	40-20	13.5	8.14	5.8~29	13~16.4	1.2	10.5
119.53	10.61	91.1	244	35.0	72.0	0.82	1.11	2.37	3~4	2.0	55-30	10.32	6.05	16~34.5	15~19.5	1.39	13.40

历年污水水质统计值：污水温度 9~19.5℃，pH 6.65~7.6，OC 14.49~62.09 mg/L，COD_{Cr} 45.54~1041.38 mg/L，BOD_5 63.76~452.88 mg/L，SS 77.7~672 mg/L，NH_3-N 1.37~70.5 mg/L。处理污水量 836.88~3350 m^3/d。

2. 异重流混合型射流曝气的运行参数

（1）运行参数

射流曝气器的工作压力为 72 kPa（相对压力），射流器型号 J-100 m^3/h，配 4PW 水泵，7.5 kW，2 台，吸气比（射流系数）0.42，曝气池水力停留时间 0.75~2.3 h，二次沉淀池沉淀历时 26~103 min，混合液污泥浓度 MLSS 3.0~4.5 g/L，MLVSS 2.3~2.7 g/L，MLVSS/MLSS=0.77~0.6，回流污泥浓度 SS 6.8~14.4 g/L，VSS 4.57~8.14 g/L，VSS/SS=0.66~0.57，回流比 0.25~0.35，30 min 沉降量 SV 12%~16 %，SVI 30~80，曝气池的污泥负荷 0.426~1.368 kg BOD_5/(kg·d)，挥发性污泥负荷 0.51~1.73 kg BOD_5/(kg·d)，容积负荷 1.476~4.48 kg BOD_5/(m^3·d)。

（2）处理效果

OC 去除率 61.7%~83%，平均 74%；COD_{Cr} 去除率为 64.1%~84.77%，平均 75%；BOD_5 去除率 85.3%~95.69%，平均 90.5%；SS 去除率为 78.38~84.1%，平均 81.24%。

（3）电耗指标

每天三班制，每班记录一次电表，每台污水泵平均电耗为 5.3 kW·h，根据比值计算各项指标为：

每度电处理 0.68~2.14 kgBOD_5/(kW·h)，平均 1.41 kgBOD_5/(kW·h)。

每度电处理污水 13.04 m^3（折合 0.077 kW·h/m^3 污水）

根据上述各项电耗指标，在 BOD_5 去除率为 90% 左右，与其他工艺（鼓风曝气工艺、机械曝气工艺等）比较，包括曝气时间、污泥负荷、容积负荷、氧的利用率、电耗指标等方面，均较为优越。

6.2.2　均质乳化液的形成及其密度

1. 均匀乳化液的形成

射流曝气器内的压力与流速的变化规律为（图 3-1）：

压力的变化：在吸入室中，工作液体自射流曝气器孔口喷出后，有一段高速紧密射流水柱，称为喷射段，由于喷射段高速水流的抽吸及水的黏滞作用，吸入空气，并使吸入室成为负压，持续地抽吸入空气，图中 i—i 剖面中心为紧密水柱，外环是被抽吸的空气，是与大气连通的，故气、液两相都是连续流，断面 i—i 处的压力为大气压 P_s。达到混合激波段后，在背压的作用以及气、液两相之间的能量交换下，压力增加至 P_g，到扩散管段，管径不断增加，流速减小，流速水头转换为压力水头至扩散管的末端压力升至 P_C。

射流曝气器内流速的变化：喷射段内，气、液均为连续流，至混合激波段，气、液两相逐渐混合成为连续流，气体成为分散系统，使该段的压力不断增加，流速持续减小，至扩散管内，由于流速水头转变成压力水头，所含气泡进一步被压缩成均质乳化液。

2. 均质乳化液的密度

气体在射流曝气器内是受压（压力从 P_s 提高到 P_C），采用等温压缩方程式计算。

所以均质乳化液的密度可按下式求得：

由等温压缩方程式：

$$P_sV_s = P_cV_c \qquad V_c = \frac{P_sV_s}{P_c} \tag{6-1}$$

式中　P_s、V_s——大气压（绝对压力）及相应的气体体积；

　　　P_c、V_c——射流器出口压力（绝对压力）及相应的气体体积。

均质乳化液的密度：

$$\gamma_m = \frac{V_w\gamma_w + V_s\gamma_s}{V_w + V_C} \tag{6-2}$$

式中　γ_m——均质乳化液的密度，kg/m^3；

　　　γ_w——工作液体密度，以 1 计，kg/m^3；

　　　γ_s——空气密度，与气温有关，在标准状态下，$\gamma_s = 0.001429\ kg/m^3$；

　　　V_w——单位时间工作液体积，即 Q，m^3；

　　　V_s——单位时间被吸入的空气体积，即被抽吸入的空气流量 q_i，m^3；

若工作液流量 $Q=69.09\ m^3/h$，回流比为 31%，则回流污泥流量为 $Q_r=21.5\ m^3/h$，大气压为 $P_s=1$ 大气压，射流曝气器出口压力 $P_c=1.2$ 大气压，吸气比为 0.41，吸入的空气量为 $V_s=0.41（Q+Q_r）=0.41\times（69.09+21.5）=37.14\ m^3/h$，代入式（6-1）得：

$$V_c = \frac{P_sV_s}{P_c} = \frac{1\times 37.14}{1.2} = 30.95\ m^3/h$$

均质乳化液的密度用式（6-2）计算：

$$\gamma_m = \frac{90.6\times 1 + 37.4\times 0.001429}{90.6 + 30.95} = 0.75 kg/m^3$$

可见均质乳化液的密度 γ_m 远较曝气池内混合液的密度小，在池内必形成异重流。

3. 异重流混合型射流曝气氧的利用特点

活性污泥系统中，由于酶的作用，活性污泥细胞内基质的代谢速度远大于基质从污水中向细胞内的传递速度，故后一速度是生化反应过程的控制速度。射流曝气器内，气、固、液三相的接触界面极大而且更换迅速，加速了基质向活性细胞内的传递。

根据表 4-3 和表 5-1 的实测值，工作压力为 1 kg/cm^2 时，射流曝气器内气泡直径为 5~55 μm 之间的出现频数为 101，基本一致。即微气泡的直径 ≤ 50 μm 时，氧的利用率接近于 100%，在射流曝气器内，由于气、液两相紧密接触，活性污泥不但可以直接利用混合液中的溶解氧，并且还可直接从微气泡中吸收氧气，兼备了活性污泥法与生物膜法对氧的利用方式。

6.2.3 深池式异重流混合型射流曝气池

1. 深池式异重流混合型射流曝气池工艺构造

深池式异重流混合型射流曝气池工艺构造如图 6-4 所示。

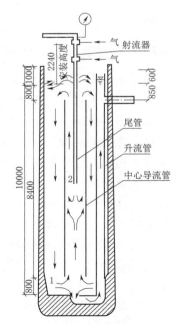

图 6-4　异重流混合型射流曝气池工艺图

1、2—取样点

曝气池工艺尺寸：直径 3.3 m，有效水深 10 m，有效容积 85.5 m³，超高 1.0 m。

中心导流筒直径 1 m，有效高度 8.4 m，上、下口距水面与池底各 0.8 m。中心导流筒的作用：从射流曝气器扩散管喷射出来的密度小于 1 g/cm³ 的均质乳化液，由于密度差，形成异重流，在导流筒内迅速上升，导流筒上口实测涌水高度可达 0.4~0.45 m；同时抽吸曝气池底部的混合液，在导流筒内一起升流。池内液体流动方向如图 6-4 箭头所示。

升流管（即出水管）直径 400 mm，容积 1.26 m³。升流管的作用：①使完成生化处理过程的混合液由管底部上升，流入二次沉淀池；②完成气液分离，保证二沉池的沉淀效果；③由于底部出水以及中心导流筒的向上抽吸作用，使池底不会积泥。

射流曝气器采用单喷嘴双级射流器，工作压力 0.72 kg/cm²，背压 2 m，安装高度（射流曝气器薄壁孔口至水面）2.24 m，射流曝气器从中心导流筒中心插入水面下 5 m。

2. 异重流混合型射流曝气池的流态与循环流量

曝气池中的流态及循环流量用示踪剂 Cl⁻ 离子测定：

曝气池内环绕中心导流筒纵向循环流动的液体包括均质乳化液、被抽升的底部混合液以及被水流夹带的微气泡。流态比较复杂，用 Cl⁻ 示踪，测定循环流量与流速。

测定时的处理污水量 90.6 m³/h，2 台射流器工作，1 台以污水作为工作液，另一台以回流污泥作为工作液，回流比 0.96，总工作液体流量为 90.6+90.6×0.96=177.5 m³/h，MLSS 浓度为 4 g/L，液温 15~16℃，气温 10℃。

1）测定步骤与注意事项

（1）首先测定混合液中原有 Cl⁻ 浓度；

（2）取食盐 10 kg，充分溶解后，迅速倒入导流筒池面的涌水区（投加时要紧贴水面，避免溶液向下冲击影响测定的精确性）；

（3）计算出从曝气池表面到池底，再沿中心导流筒上升到射流曝气器扩散管末端处的理论水力流动时间；

（4）分别在曝气池底部的 1 号取样点与 2 号取样点（图 6-4）取样，取样时间间隔 1~2 min，需包含理论水力停留时间；

（5）测定各水样的 Cl⁻ 浓度，记录于表 6-3，并在直角坐标纸上，以 Cl⁻ 为纵坐标，横坐标为取样时间 t，点绘 Cl⁻—t 曲，如图 6-5 所示，曲线峰点对应的横坐标即为实际水力流动时间；

（6）每隔一天测定一次，连续测 3 次。

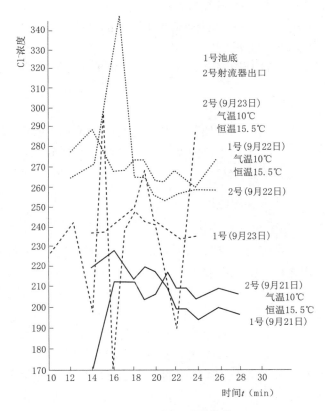

图 6-5　Cl⁻ 与 t 关系曲线

Cl⁻浓度测定结果

表 6-3

测定日期	从曝气池表面到池底						从池底上升到射流器出口处		
	理论值			实测值			实测值		
	流动时间（min）	流速（m/h）	流量（m³/h）	流动时间（min）	流速（m/h）	流量（m³/h）	流动时间(min)	上升流速（m/h）	被抽升的流量 Q_R（m³/h）
9月21日	$\dfrac{Q_0}{F_b}=26.22$	22.86	177.58	14	16.3	36.84	3		
9月22日				16		28.6	5	4.3	69.28	54.4
9月23日				19			5		

表 6-3 中 Q_0 为工作液流量（m³/h）（处理污水量加回流污泥量），$Q_0=(1+r)Q=177.58$（m³/h），Q 为处理污水量 90.6（m³/h），回流比 $r=0.96$，F_b 为中心导流筒外的环形断面积。

$$F_b = \frac{\pi}{4}D^2 - \frac{\pi}{4}D_c^2 \tag{6-3}$$

$$F_b = \frac{\pi}{4}D^2 - \frac{\pi}{4}D_C^2 = \frac{\pi}{4}\times(3.3)^2 - \frac{\pi}{4}1^2 = 7.76\text{m}^2.$$

中心导流筒面积 $F_C = \frac{\pi}{4}D_C^2 = 0.785\text{m}^2$

式中　D ——曝气池直径，m；

　　　D_C——中心导流筒直径，m。

2）计算抽升系数 ϕ_1

被抽升的混合液流量与工作液流量之比称抽升系数。

即　　$$\phi_1 = \frac{Q_R}{Q_0} \tag{6-4}$$

式中　Q_R——被抽升的混合液流量，m³/h，见表 6-3，$Q_R=54.4$ m³/h；

　　　Q_0——工作液流量（含回流污泥），m³/h。

∴ $Q_R = \phi_1 Q_0 \tag{6-5}$

代入实测值得：$\phi_1 = \dfrac{54.4}{177.58} = 0.3$

3）掺气系数 ϕ_2

被混合液夹带并随之在曝气池内循环流动的微气泡体积与被射流曝气器吸入的气体体积之比称掺气系数 ϕ_2。

$$\phi_2 = \frac{q_i - q_0}{q_i} = 1 - \frac{q_0}{q_i} \tag{6-6}$$

式中　q_i ——射流器吸入的空气量，m³/h；

　　　q_0 ——从曝气池表面释出的空气量，m³/h。

被射流曝气器抽吸的空气量，经射流曝气器切割乳化并射入曝气池后，可分为三部分：一部分直径较大（大于 600 μm）的气泡，快速上升，直接从水面释放回大气，此部分约占 30%；另一部分气泡，直径适中，气泡上升的速度与混合液循环向下的水流速度接近，这部分气泡在池内随机而遇（即不被逸出也不随水流循环流动）；第三部分气泡直径较小，被混合液夹带着在池内作循环流动，后两种气泡约占 70%，其中所含的氧量可持续地被生化利用。从曝气池表面释放出的空气量 q_0 值可用下式计算：

$$q_0 = 0.3q_i \tag{6-7}$$

因工作压力为 72 kPa，吸气比 0.42，故掺气系数 ϕ_2 约为：

$$\phi_2 = \frac{q_i - q_0}{q_i} = \frac{74.8 - 74.8 \times 0.7}{74.8} = 0.7$$

$$q_0 = 0.3q_i = 0.3 \times 74.8 = 22.44 \mathrm{m}^3 / \mathrm{h}$$

故曝气池向下流的循环流量为：

$$Q_\mathrm{d} = (1+r)Q + \phi_2 q_i + Q_\mathrm{R} \tag{6-8}$$

式中　Q_d——向下循环流量，m^3/h。

$$Q_\mathrm{d} = Q_0 + 0.7 \times 74.8 + 54.4 = 286 \mathrm{m}^3 / \mathrm{h}$$

曝气池内循环流量平衡图，如图 6-6 所示。

曝气池内循环向下流速为：

$$v_\mathrm{d} = \frac{Q_\mathrm{d}}{F_\mathrm{b}} \tag{6-9}$$

式中　v_d——循环向下流速，m/h。

将已知值代入式（6-9）：

$$v_\mathrm{d} = \frac{Q_\mathrm{d}}{F_\mathrm{b}} = \frac{284.26}{7.76} = 36.6 \mathrm{m} / \mathrm{h}$$

3. 完全混合区长度

均质乳化液由射流曝气器射向曝气池后，由于动能作用，有向下一段冲程（混合区），该段冲程由紧密射流段与散射段组成，如图 6-7 所示。

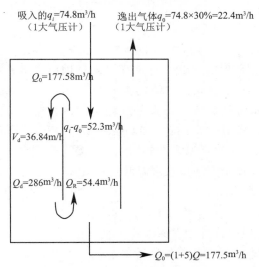

图 6-6　曝气池内循环流量平衡图

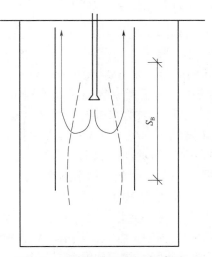

图 6-7　尾管末端混合区长度 S_B

经测定，混合区高度与射流曝气器背压（相对压力）、尾管流速及工作液性质有关，可统计出混合区高度 S_B 公式为：

$$S_B = \frac{H_d}{1 + K_1 \dfrac{H_d}{d}}$$ （6-10）

式中 S_B——混合区高度，m；

H_d——射流曝气器背压，可实测，一般为工作压力的 8.5%~9.0%；

K_1——介质特性系数，$K_1 = 0.07857$；

d——射流器扩散管出口直径，m。

代入数据得：$S_B = \dfrac{7.2\text{m} \times 9.0\%}{1 + 0.07857 \dfrac{2}{0.2}} = 0.62$ m

与实际相符。

4. 异重流混合型曝气池的工艺属性

（1）属于竖向推流式并存在局部完全混合

污水、回流污泥与空气在射流曝气器内形成均质乳化液后，由射流曝气器扩散管喷入曝气池进行循环。射流曝气器末端存在着局部完全混合，故这种池型兼有推流（在相同处理效果下，所需曝气时间较短）与完全混合的优点（承受冲击负荷能力较强），此属性是异重流混合型曝气池代谢速率公式的依据；

（2）依靠掺入的空气沿程持续供氧；

（3）依靠异重流循环混合，不需沿程曝气搅拌、可节省搅拌机械所需的能量；

（4）曝气池内供氧与需氧规律互相适应。

（5）回流活性污泥处于缺氧状态，经射流器射流得到再生、吸附生化性能得到恢复。

6.3 异重流混合型射流曝气的生化动力学

6.3.1 污水水温与气温的关系

运行期间，气温 –32~38℃，温差达 70℃，污水水温为 8~20.5℃，温差 12.5℃。

冬季，曝气池与沉淀池上空，茫茫雾气高达 50 多米。污水在流入处理厂吸水井前有 200 m 的明渠，加水泵吸水管长 5 m、压水管长 13 m、回流污泥管长 15.6 m，全部暴露于大气中。为了考察气温对处理构筑物内水温的影响，每天分别测定污水、曝气池混合液、沉淀池出水的水温及气温各 4 次（6 时、10 时、16 时、22 时），整个冬天，曝气池表面未曾结冰。冬季气温持续为 –32~–20℃，污水水温为 9.5~12.1℃，曝气池出水水温为 9.9~11.6℃。沉淀池出水水温为 8.6~11.25℃，比曝气池出水水温低 0.35~1.3℃。

严冬季节，曝气池污水温度不会降低的原因在于：

工作压力为 70 kPa 左右时，气水比 0.4~0.42，空气的比热仅为水的 1/800，等温压缩所释放的热量不足以改变水温；曝气池表面积小，有效水深深，有利于保温；活性污泥代谢基质的过程中，释放出热量。故这种池型非常适用于气候寒冷的地区。

沉淀池出水较曝气池低 0.35~1.3℃，原因是沉淀池的表面积较大，出水锯齿堰处有一次跌水。

6.3.2 代谢速率方程式

根据异重流混合型射流曝气的工艺属性及污水 BOD_5 日平均最低值与最高值分别为 47.87 mg/L、452.88 mg/L 月平均最低值与最高值分别为 113.02 mg/L、198.57 mg/L（见表 6-2），射流曝气器的供氧充足，代谢速率受基质浓度的限制，并与混合液温度、MLVSS 浓度及曝气时间有关。

1. 代谢速率方程式

$$\frac{\mathrm{d}L}{\mathrm{d}t} = -k_T S_a L_a \tag{6-11}$$

积分得：

$$L_a = Ce^{-k_T S_a t} \tag{6-12}$$

式中 L_a——污水 BOD_5 浓度，mg/L；

$\quad\quad S_a$——混合液 MLVSS 浓度，mg/L；

$\quad\quad t$——曝气时间，h；

$\quad\quad k_T$——代谢系数，与温度有关；

$\quad\quad C$——积分常数。

当 $t=0$ 时，$C=L_a$，当 t 等于曝气时间时，$L=L_e$（L_e 为处理水 BOD_5 浓度）。

得代谢速率方程式为：$L_e = L_a e^{-k_T S_a t}$，$\dfrac{L_e}{L_a} = e^{-k_T S_a t}$ $\tag{6-13}$

若用去除率表示，式（6-13）可改写成：

$$\eta = \frac{L_a - L_e}{L_a} = 1 - e^{-k_T S_a t} \tag{6-14}$$

式中 η——去除率，%。

2. 温度系数及温度系数方程式

以低温区与高温区的实测资料（低温区的混合液平均温度为 10.8℃，高温区的混合液温平均温度为 16.51℃）作为统计依据，分别得出 $T_1=10.8$℃时的 $K_{10.8}=0.00055$（相关系数 $r=0.93$），$T_2=16.51$℃时的 $K_{16.51}=0.0009$（相关系数 $r=0.95$），温度系数方程式为：

$$K_{T2} = K_{T1}\theta^{T_2 - T_1} \tag{6-15}$$

对 θ 取对数：

$$\lg\theta = \frac{\lg k_{T2} - \lg K_{T1}}{T_2 - T_1} = \frac{\lg 0.0009 - \lg 0.00055}{16.51 - 10.8} = 0.037457$$

得温度系数 $\theta=1.09$。

根据求得的 θ 值，可反求出 $T=20$℃时 $K_{20}=0.0012$。

故温度系数方程式为：$K_T = K_{20}\theta^{T-20}$ $\tag{6-16}$

式中 K_T——温度为 T 时的代谢系数，1/h；

$\quad\quad K_{20}$——20℃时的代谢系数，$K_{20}=0.0012$，1/h；

$\quad\quad \theta$——温度系数，取 1.09。

曝气池混合液温度为 20℃时，根据代谢速率方程式（6-14），在直角坐标上，以 η 为纵坐标，$S_a t$ 为横坐标，点绘 $\eta - S_a t$ 关系曲线，如图 6-8 所示。

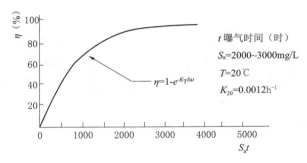

图 6-8　代谢速率曲线

6.3.3　污泥产率系数及其测定方法

去除 1kgBOD$_5$ 所产生的污泥量，称污泥产率系数，用 a'' 表示。

$$a'' = \frac{\Delta S}{L_r} \qquad (6-17)$$

式中　a'' —— 污泥产率系数；

ΔS —— 污泥生成量，kg;

L_r —— 去除的 BOD$_5$，kg。

1. 污泥产率系数的测定方法与步骤

曝气池混合液温度为 11~13.8℃。

（1）曝气池连续 7 天不排泥，测定污泥增量及每天去除的 BOD$_5$（kg）；

（2）测定每天出水的 S_e 浓度，求出每天由出水带走的污泥量（kg/d）；

（3）测定曝气池中的活性污泥总量(kg)；

（4）测定沉淀池中的活性污泥总量(kg)。

沉淀池的污泥量用图 6-13 的装置测定（详后），测定出污泥面、污泥斗底部的污泥浓度，然后用积分求出二沉池中的活性污泥总量。各项测定结果见表 6-4。

污泥产率测定结果表　　　　　　　　　　　　　　表 6-4

项目	测定日期							
	12 月 16 日	12 月 17 日	12 月 18 日	12 月 19 日	12 月 20 日	12 月 21 日	12 月 22 日	12 月 23 日
去除的 BOD$_5$（kg/d）		107.96	110.09	190.50	69.46	89.28	90.40	72.00
出水带出的 SS（kg/d）		37.22	41.60	45.90	51.53	59.48	70.60	
曝气池内污泥量（kg/d）	242.6							326.60
沉淀池内污泥量（kg/d）	330.08							305.36

因此，连续 7 天产生的污泥总量为：$\Delta S = S_{22\text{总}} + \Delta S_{17\sim23} - S_{16\text{总}}$

$= (326.6 + 305.35) + (37.22 + 41.6 + 45.90 + 51.53 + 59.48 + 70.6) - (242.6 + 330.08)$

$= 365.6$ kg

式中 $S_{22\text{总}}$——12 月 23 日曝气池和沉淀池内的污泥总量，kg；

$\Delta S_{17\sim23}$——12 月 17 日至 23 日出水带出的 SS 总量，kg；

$S_{16\text{总}}$——12 月 16 日曝气池和沉淀池内的污泥总量，kg。

7 天中被去除的 BOD_5 总量为：

$$L_r = 107.96 + 110.09 + 190.5 + 69.46 + 89.28 + 90.40 + 72.0 = 729.69 \text{ kg}$$

2. 污泥产率系数计算：

$$a'' = \frac{\Delta S}{L_r} = \frac{365.6}{729.69} = 0.5$$

由计算可知，a'' 值中，包括了内源呼吸消耗掉的活性污泥量。用上述宏观的方法测定的污泥产率系数 a'' 值，正确度高，可见射流曝气法的污泥产率数量不高，产生的污泥量不多，故不会增加污泥处理的费用。

6.3.4 内源呼吸系数及其测定方法

1. 测定方法与步骤

1）测定所用的容器

用容积为 20 L 下口瓶，内装已知 MLVSS 浓度但基质浓度接近于零的回流活性污泥，连续进行曝气，测定内源呼吸系数。

2）取样分析

从 12 月 23 日至 1 月 4 日，连续曝气 13 天，气温 –15~–23℃，每天取样 2 次（上午 10 时，晚 10 时），分别测定各样品 SS、VSS、MLSS、MLVSS 浓度、残渣、pH 与液温，测定结果记录于表 6-5。

3）根据表 6-5 的测定数据作图

取直角坐标纸，纵坐标为 MLVSS、MLSS 与残渣浓度，横坐标为连续曝气的时间作图，如图 6-9 所示。

2. 内源呼吸方程式

根据表 6-5 与图 6-9 的数据统计出内源呼吸方程式。

$$MLVSS = 5.029e^{k_e t}$$

式中 $MLVSS$——挥发分污泥浓度，g/L；

t——曝气延续时间，d；

K_e——内源呼吸系数，K_e=0.064d^{-1}，相关系数 r=0.733。

测定所得的 K_e 值与一般城市污水 K_e=0.052~0.08 d^{-1} 基本一致。

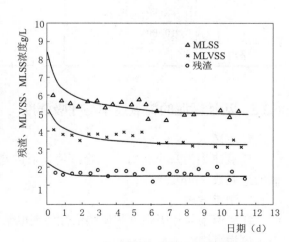

图 6-9 内源呼吸系数测定结果图

内源呼吸系数测定记录表

表 6-5

日期	时间	水温 （℃）	pH	MLSS （g/L）	MLVSSS （g/L）	残渣 （g/L）
12月23日	12：30	12	7.6	10.00	8.47	1.53
	22：00			6.24	4.35	1.91
24日	12：30	12		6.00	4.12	1.88
	22：00			5.84	4.04	1.80
25日	12：30	12		5.64	3.73	1.91
	22：00			5.95	4.07	1.88
26日	12：30	12		5.97	4.08	1.89
	22：00			5.49	3.82	1.67
27日	10：30	12		5.79	3.98	1.81
	22：00			5.94	4.14	1.81
28日	10：30			5.62	4.00	1.62
	22：00	3		6.04	4.14	1.92
29日	10：30	1		5.84	5.74	1.10
	22：00			5.23	3.38	1.86
30日	10：30	15		4.70	3.27	1.43
	22：00	14				1.58
31日	10：30			4.57	3.18	1.39
	22：00	16		4.43	3.06	1.36
1月1日	10：30	5		4.34	3.03	1.31
	22：00	13		4.00	2.80	1.20
2日	10：30	8		2.84	2.27	0.57
	22：00					
3日	10：30			5.66	3.62	2.04
	22：00			4.89	3.23	1.66
4日	10：00	12	7.23	5.67	3.46	2.21
平均				5.47	3.91	1.64

6.3.5 活性污泥的耗氧速率与呼吸强度

1. 定义

耗氧速率为每小时每升混合液消耗氧的毫克数，呼吸强度为每小时每克 MLVSS 消耗氧的毫克数，mg/L。

2. 测定方法

耗氧速率与呼吸强度都反映活性污泥的活性，前者与混合液浓度有关，故用呼吸强度表示更为直接。

呼吸强度有两种测定方法：华氏呼吸仪法与活性污泥直接稀释测定法。后者是用含饱和溶解氧的蒸馏水稀释混合液作为氧源。华氏呼吸法需要对活性污泥预处理，误差较大，并且不能直接反映曝气池中活性污泥的实际情况。活性污泥直接稀释测定法，采用的活性污泥体积可达 150~350 mL，操作方便，误差很小，并可直接反映出曝气池活性污泥的实际情况。

活性污泥直接稀释测定法中活性污泥的取样地点有 3 个：射流曝气器孔口后已被再生的回流活性污泥、曝气池表面及曝气池出口的混合液。

连续 9 个多月，500 多个实测数据，测定期间，液温为 9~20.5℃，测定结果如图 6-10 所示。

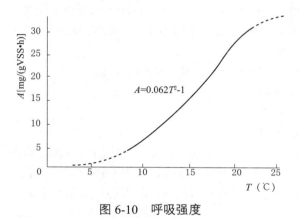

图 6-10　呼吸强度

从图 6-10 可看出，呼吸强度与液温关系密切，图中液温低于 9℃的低温区，与高于 20.5℃的高温区，是根据曲线趋势延长，用虚线表示。

统计出呼吸强度方程式为：

$$A=0.062T^2-1, R=0.85 \tag{6-18}$$

式中　A——呼吸强度，mg O_2/(gVSS·h)；

　　　T——混合液温度，℃；

6.4　射流曝气的供氧量、需氧量与氧的利用系数

6.4.1　射流曝气的供氧量与需氧量

1. 供氧量：由射流曝气器吸入的空气所能提供的氧量，可用下式计算：

$$O_2 = \beta q_i \rho_a \tag{6-19}$$

式中　O_2——供氧量，kg/h；

　　　q_i——射流器吸入的空气体积，m³/h，$q_i=jQ_0$；

　　　j——喷射系数，即吸气比；

　　　Q_0——工作液体流量，m³/h；

　　　ρ_a——空气密度，与气温有关；

　　　β——空气中氧所占体积，取 21%。

2. 需氧量

需氧量须满足去除 BOD_5 需要的氧量，活性污泥呼吸所需要的氧量及每天随剩余活性污泥排出的 BOD_5(即每公斤剩余活性污泥所带走的氧量，为安全起见，此值一般可忽略不计)等因素，可用下式表示：

$$O_2 = aBOD_r + A \cdot MLVSS - C \cdot BOD_r = aL_r + AVX_v - C_e L_r \qquad (6\text{-}20)$$

式中 Q_2——需氧量，kg/h；

a——去除每公斤 BOD_5 需要的氧量，kg/kg 计；

A——活性污泥呼吸强度，用式（6-18）计算，应用时单位采用 kg O_2/(kg·h) 代入式（6-20），进行计算，可见式（6-20）已考虑了温度因素；

C_e——每天随剩余活性污泥排出的 BOD_5，即每公斤剩余活性污泥所带走的需要氧的 BOD_5 量；

$MLVSS$——曝气池内 MLVSS 总量，$MLVSS = VX_v$，kg；

V——曝气池有效容积，m³；

X_v——混合液 MLVSS 浓度，kg/m³；

L_r——被去除的 BOD_5，kg/h。

一般文献中，活性污泥的呼吸强度随着温度变化的关系被忽略掉，这不符合实际情况。

被去除的 BOD_5 中，如以 $C_6H_{12}O_6$ 为例，其中一部分以碳水化合物形式贮存在活性细胞体内，另一部分形成细胞原生质 $C_5H_7O_2N$，两者的耗氧量与 $C_6H_{12}O_6$ 的质量之比为：

$$C_6H_{12}O_6 + 6O_2 \rightarrow 6CO_2 + 6H_2O, \quad \frac{6O_2}{C_6H_{12}O_6} = 1.07$$

$$C_5H_7O_2N + 5O_2 \rightarrow 5CO_2 + NH_3 + 6H_2O, \quad \frac{5O_2}{C_5H_7O_2N} = 1.43$$

所以 O_2 与生物污泥量之比用 Ψ_1 表示，为 1.07~1.43，平均 1.25。在供氧量充足的情况下，根据表 6-5，活性细胞 MLVSS 与 MLSS 之比 $\psi_2 = \dfrac{MLVSS}{MLSS} = \dfrac{3.91}{5.97} = 0.65$，则

$$C_e = a'' \psi_1 \psi_2 \qquad (6\text{-}21)$$

代入上述各实测数据，得：

$C_e = 0.5 \times 1.25 \times 0.65 = 0.41 \quad a = 1 - 0.41 = 0.59$

故需氧量公式 (6-20) 可改写为：

$$O_2 = 0.59 BOD_r + A \cdot MLVSS = 0.59 L_r + A \cdot V \cdot X_v \qquad (6\text{-}22)$$

3. 供氧量、需氧量与氧的利用率

供氧量与需氧量之比为氧的利用率。

若处理污水量为 69.09 m³/h，回流污泥量为 21.44 m³/h，吸气量为 37.4 m³/h：

当平均液温为 12℃，平均气温为 10℃，$MLVSS$=2.36 g/L，BOD_r=110.23 mg/L，曝气池容积为 80 m³，处理水 BOD_5 以 10 mg/L 计，则需氧量用式（6-20）计：

$$O_2 = 0.59 \times \frac{110.23}{1000} \times 69.09 + \frac{(0.062 \times 12^2 - 1)}{1000} \times 2.36 \times 80 = 7.0 \, \text{kg/h}$$

供氧量用式（6-19）计算，气温为 10℃，

$$\therefore \rho_a = \frac{1.429}{1+0.00367 \times 10} = 1.378 \text{ kg/h}$$

则　$O_2 = 0.209 \times 37.4 \times 1.378 = 10.77 \text{ kg/h}$

氧利用率 $\eta = \dfrac{7.0}{10.77} = 0.65 = 65\%$

当平均液温为 15℃，平均气温为 20℃，$MLVSS$=1.93 g/L，BOD_r=106.74 mg/L，则需氧量：

$$O_2 = 0.59 \times \frac{106.74}{1000} \times 69.09 + \frac{(0.062 \times 15^2 - 1)}{1000} \times 1.93 \times 80 = 6.35 \text{ kg/h}$$

供氧量用式（6-19）计算：

$$O_2 = 0.21 \times 37.4 \times \frac{1.429}{1+0.00367 \times 20} = 10.45 \text{ kg/h}$$

氧利用率为：

$$\frac{6.35}{10.45} = 0.61 = 61\%$$

处理污水量为 62.17 m³/h，回流污泥量为 38.15 m³/h，吸气量为 37.4 m³/h，平均液温为 10℃，平均气温为 -10℃，$MLVSS$=3.056 g/L，BOD_r=182.8 mg/L(取月平均最高值)，则需氧量：

$$O_2 = 0.59 \times \frac{182.8}{1000} \times 62.17 + \frac{(0.062 \times 10^2 - 1)}{1000} \times 3.056 \times 80 = 7.98 \text{ kg/h}$$

供氧量为：

$$O_2 = 0.21 \times 37.4 \times \frac{1.429}{1+0.00367 \times (-10)} = 11.65 \text{ kg/h}$$

氧利用率为：

$$\frac{7.98}{11.65} = 0.68 = 68\%$$

根据上述计算可得：

深池式异重流混合型工艺氧的利用率为 61%~68%；

由于异重流循环混合，掺入大量气泡，成为供氧的仓库，故氧的利用率有随进水 BOD_5 浓度的增加而提高的趋势。

为了保证氧利用率最大时所需最低溶解氧的浓度，以保证处理效果，供氧量需大于需氧量的 1.1 倍以上。

如果进水 BOD_5 更高，可安装一台射流器，回流曝气池内的混合液，既可增加供氧量，又不会影响 MLSS 浓度。

供氧量与需氧量的上述规律，是射流曝气法的特点之一。

6.4.2　曝气池出水 BOD_e 与 SS_e 的关系

出水 BOD_e 与出水 SS_e 的关系可用下式计算：

$$SS_e = 1.08 BOD_e + 9.6 \tag{6-23}$$

式中　SS_e——出水悬浮物浓度，mg/L；

BOD_e——出水 BOD₅ 浓度，mg/L。

根据式（6-23）点绘 BOD_e—SS_e 的关系曲线图，如图 6-11 所示。

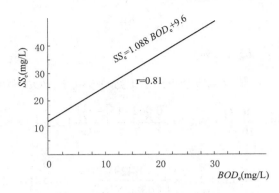

图 6-11　BOD_e—SS_e 的关系曲线图

以上各节凡属数理统计的方程式均有 20 个以上的实测资料。

6.5　异重流混合型射流曝气池的工艺设计

6.5.1　异重流混合型射流曝气池工艺设计与计算

1.曝气池总容积计算 式中　V——曝气池总容积，m^3； 　　　V_e——曝气池有效容积，m^3； 　　　V_P——曝气池结构容积，m^3； 　　　ζ——结构系数，取 0.02~0.03； 　　　Q——设计处理污水量，m^3/h； 　　　t——曝气时间，根据处理水水质要求，参考有关规范计算决定，h。	$V=V_e+V_P$　（6-24） $V_e=Q \cdot t$ $V_P=\zeta V_e$
2.曝气池平面尺寸 式中　F_b——循环向下截面积，即中心导流筒外的环形面积，m^2； 　　　D——曝气池直径，m； 　　　B——曝气池边长，m，若为正方形截面，则为正方形边长； 　　　H——曝气池有效水深，m，取 8~12 m。	$F=\dfrac{V}{H}=\dfrac{V_e+V_p}{H}$　（6-25） 圆形：$D=\sqrt{\dfrac{4F}{\pi}}$　（6-26） 正方形：$B=\sqrt{F}$　（6-27）
3.中心导流筒直径与高度 式中　D_c——中心导流筒直径，一般取 $\dfrac{D}{3}$，m； 　　　F_c——中心导流筒截面积，m^2； 　　　H_1——中心导流筒高度，m； 　　　H_2——中心导流筒下口距池底距离，m，取 0.6~1.0 m； 　　　H_3——中心导流筒上口距水面距离，m，取 0.6~1.0 m。	$D_c=\sqrt{\dfrac{4F_c}{\pi}}$　（6-28） $H_1=H-(H_2+H_3)$　（6-29）
4.曝气池有效水深 式中　H——曝气池有效水深，取 8~12 m； 　　　V——曝气池容积，m^3，用式（6-24）计算。	$H=\dfrac{V}{\dfrac{\pi}{4}D^2}$（6-30）

5.射流器末端完全混合区高度 式中 S_B——混合区高度，m，用式（6-10）计算； d——射流器扩散管出口直径，m； H_d——射流器背压，用压力表测，如无测定数据，可取工作压 力的8.5%~9.0%； $H_浸$——射流器扩散管出口入水深度，取曝气他有效水深的$\frac{1}{2}$； K_1——介质特性系数，活性污泥混合液K_1=0.07857。	$S_B = \dfrac{H_d}{1+K_1\dfrac{H_d}{d}}$ （6-31） $H_浸 = \dfrac{1}{2}H$ （6-32）
6.升流管管径 式中 d_r——升流管即出水管直径，m； v_r——升流管上升流速，m/h，一般为1800~3600 m/h（0.5~1.0 m/s）。	$d_r = \sqrt{\dfrac{4Q_0}{\pi v_r}}$ （6-33）

6.5.2 异重流混合型射流曝气池工艺设计举例

规模 1 万 m^3/d，单池设计流量 Q=417 m^3/h，污泥回流比 r=0.5，曝气时间 t=1 h，有效水深 H 为 10 m。

（1）曝气池总有效容积用式（6-24）计算：

$$V_e = Q \cdot t = 417 \times 1 = 417 m^3$$

$$V_P = 0.03 \times 417 = 12.5 m^3$$

$V = 417 + 12.5 = 429.5 m^3$，取 V=430 m^3。

（2）曝气池平面为用正方形，用式（6-25）计算：

$$F = \frac{V}{H} = \frac{430}{10} = 43 m^2$$

用正方形截面，边长 B 用式（6-27）计算：

$$B = \sqrt{F} = \sqrt{43} = 6.5 m$$

（3）中心导流筒直径与高度计算：

曝气池为圆形时，中心导流筒直径取曝气池直径的$\frac{1}{3}$，其面积比为 11:1。曝气池为正

方形时，中心导流筒平面面积$F_c = \dfrac{F}{11} = 3.9$，中心导流筒直径用式（6-28）计算：

$$D_c = \sqrt{\frac{4F_C}{\pi}} = \sqrt{\frac{4 \times 3.9}{\pi}} = 2.23 m 取 D_C=2.2 m。$$

（4）中心导流筒的高度，用式（6-29）计算：

$$H_1 = H - (H_2 + H_3) = 10 - (1+1) = 8 m$$

式中 H——曝气池有效水深，为 10 m；

　　H_2——中心导流筒下口距池底，取 1 m；

　　H_3——中心导流筒上口距水面，取 1 m。

（5）射流曝气器末端完全混合区高度 S_B 计算：

射流曝气器末端混合区高度用式（6-31）计算：

$H_浸$采用 5 m，射流曝气背压 H_d 取工作压力的 8.5%~9.0%，已知工作压力为 72 kPa 即

7.2 m 水柱，反压为 7.2 × 0.09=0.65 m，介质特性系数 K_1=0.07857，则

$$S_B = \frac{H_d}{1+k_1\dfrac{H_d}{d}} = \frac{0.65}{1+0.07857\dfrac{0.65}{0.2}} = 0.52m$$

扩散管出口直径 d=0.2 m。

（6）升流管管径由式（6-33）计算：

$$d_r = \sqrt{\frac{4Q_0}{\pi v_r}} = \sqrt{\frac{4\times417(1+0.5)}{3.14\times3600}} = 0.47m，取 0.45 m。$$

升流管上升流速 V_r 取 0.5~1.0 m/s（1800~3600 m/h）。

（7）采用 MFSJ 型射流器，配潜水泵扬程 10 ~ 15 m，流量 100 m³/h，功率 N=7.5 kW。

6.5.3 大型异重流混合型射流曝气污水处理厂

规模大于 1 万 m³/d 的污水处理厂，可采用合建式完全混合型射流曝气工艺。例如 5 万 m³/d 规模的污水处理厂，可采用 6.5.2 例题的 5 座合建而成，如图 6-12 所示。

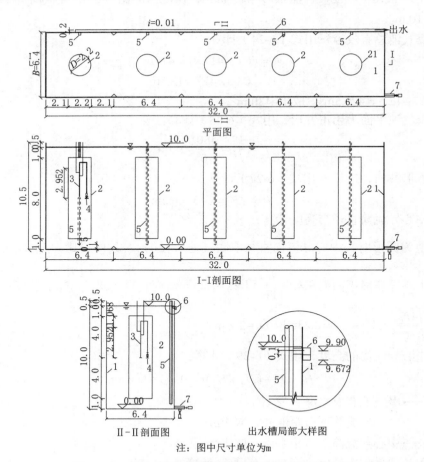

图 6-12　5 万 m³/d 规模的污水处理厂平面与剖面图

1—池体；2—中心导流筒；3—MFSJ-100 型射流曝气；

4—潜水泵；5—出水管；6—出水渠，i=0.01；7—排泥放空管

采用射流器 MFSJ-100 型，配功率 5.5 kW，扬程 8~10 m，流量 100 m³/h 的潜水泵（见表 4-1）

6.6　射流曝气系统的二次沉淀池

6.6.1　二次沉淀池

射流曝气工艺的活性污泥性质有其特点，故二次沉淀池的工艺设计应与活性污泥的特点相匹配。

1. 二次沉淀池池型选择

射流曝气混合液的絮凝性质良好，选用周边进水、中心出水的二次沉淀池较为适宜。因为周边的环形水槽及环形布水区，可起混凝的作用，有利于活性污泥的絮凝并直接进入沉淀区。

2. 二沉池工艺构造

以处理污水量 Q_0=100 m³/h 为例，二沉池的工艺尺寸如图 6-13 所示。沉淀区高度为 2.2 m，含中和层高，有效水深 1.5 m，直径 6.1 m（挡水板之间），环形布水槽的宽度 0.4 m，布水槽的底部均布有出水短管。在半径 1/3 处设三角堰出水槽，出水槽直径为 2.0 m，槽宽 0.3 m，排泥管直径 200 mm，与污泥回流管合用。

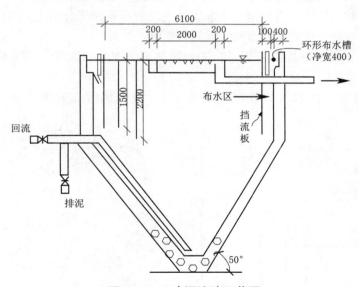

图 6-13　二次沉淀池工艺图

污泥回流比 0.25~0.5，污泥在污泥斗内停留时间约为 2 h，回流污泥浓度为 8~14 g/L，一般为 9~12 g/L，污泥斗坡度 50°，属于三向压缩，浓缩性能良好。

3. 二次沉淀池的水力负荷与容积利用系数

1）二次沉淀池运行记录见表 6-6。

可见，当沉淀时间为 0.7~1.72 h（39.7~103.2 min），表面水力负荷为 2.20~3.21 m³/(m²·h)，出水 SS_e 低于 35 mg/L，当沉淀时间小于 30 min，水力负荷大于 3.21 m³/(m²·h) 时，

沉淀池飘泥，出水 SS_e 接近 39 mg/L，影响处理效果。故此型二次沉淀池适宜水力负荷为 2.20~2.5 m³/(m²·h)，沉淀时间宜为 40~60 min，污泥斗倾角为 50°。

二次沉淀池运行记录 表6-6

处理水量（m³/h）	回流比 r	水温（℃）	表面水力负荷[m³/(m²h)]	表面固体负荷[kg/(m²·h)]	进水平均悬浮物浓度（mg/L）	沉淀时间（min）	出水平均 SS_e（mg/L）	去除率（%）
52.17	0.48	11~13	2.20	8.76	3980	57.90	28.18	92.9
34.78	1.50	11~13	1.30	4.13	3360	103.20	31.10	99.1
69.09	0.25	15~18	2.40	8.26	3380	52.10	32.06	99.1
139.54	0.31	10~11	2.94	19.65	3980	25.80	38.93	99.0
90.60	1.12	12~15	3.21	12.83	3500	39.70	34.30	99.0
55.71	0.63	13~14	1.97	8.35	4240	64.60	32.00	99.2

2）二沉池的流态及容积利用系数：

（1）二沉池的布水系统：曝气池出水经周边的环形布水槽底部的布水短管，布水均匀，水流向下的动量小，不会冲击污泥斗中的已沉淀污泥，清水区与污泥层界面清晰。

（2）沉淀池内污泥面的测定方法：用虹吸测定法，测定装置如图6-14所示。由玻璃漏斗、刻度标杆、软胶管（三者固定在一起）及玻璃观察管四部分组成。测定时刻度标杆垂直下移，发现观察管中有污泥流出时的标杆刻度即污泥面。

（3）流态与容积利用系数测定：用 Cl 示踪测定沉淀池的流态，如图6-15所示，取样点 13 个。

从图6-15可见，污水入口处取样点 1，向上流经偶数点到出口堰8，流达时间为

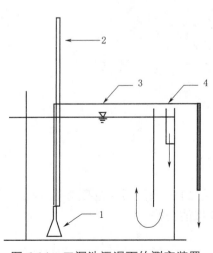

图 6-14 二沉池污泥面的测定装置

1—玻璃漏斗；2—刻度标杆；

3—软胶管；4—玻璃观察管

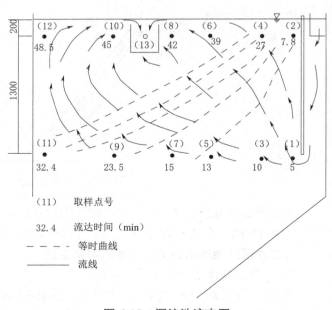

（11）	取样点号

32.4 流达时间（min）

— — — 等时曲线

——— 流线

图 6-15 沉淀池流态图

42 min；向中心流经奇数点到出口堰 10 处，需时 45 min，后者的流程时间较长，越到中心因过水断面面积越小，流速越快，这是中心出水二沉池的一个不利因素，为了克服此不利因素，故出水槽宜设置在半径的 1/3 处。

测定时的污水处理量为 Q=62.17 m³/h，理论沉淀时间为 $t = \dfrac{66.4}{62.17} = 1.07 = 64.2$ min，（66.4 m³ 为沉淀池有效容积，包括挡板与池壁之间的间隙）。示踪测定停留时间为 56 min，容积利用系数为 $\eta = \dfrac{56}{64.2} = 87.5\%$。

6.6.2 二次沉淀池混合液沉降动力学

异重流混合型射流曝气法的活性污泥，在絮凝与沉降性能等方面有如下特点：

1. 射流曝气混合液的沉降性能

射流曝气混合液的沉降性能用 1000 mL 量筒测定。取混合液 1000 mL 测定其沉降曲线，测定步骤如下：

（1）测定混合液的 MLSS 浓度、液温并计算 SVI；

（2）沉降过程中，每隔 2 min、4 min、6 min、8 min、10 min、15 min、20 min、25 min、30 min、40 min、50 min、60 min、70 min、80 min、90 min 记录一次沉降污泥的体积，或泥水界面高度；

（3）在直角坐标纸上，以沉降时间为横坐标，沉降污泥体积（或泥水界面高度）为纵坐标，点绘沉降曲线。

沉降曲线测定次数 51 次，测定期间的 MLSS 为 3~5 g/L，液温为 10~13℃，51 次实验数据的平均值列于表 6-7，在直角坐标上，纵坐标为测定污泥体积（即污泥界面高度），横坐标为沉降时间，点绘出沉降曲线，如图 6-16 所示。

射流曝气活性污泥的沉降特性记录表　　　　　　　　　　　　　表 6-7

沉降时间（min）	2	4	6	8	10	15	20	25
沉降体积（mL）	635.9	475.9	380.3	335.2	300.9	250.9	231.3	212.7
沉降时间（min）	30	40	50	60	70	80	90	
沉降体积（mL）	199.2	186.7	175.2	163.2	157.4	154.6	151.4	

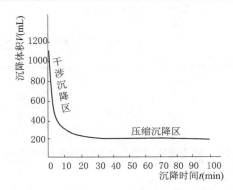

图 6-16　射流曝气活性污泥的沉降曲线

2. 射流曝气活性污泥的沉降动力学方程式

1）从图 6-15 沉降曲线可见，混合液的界面沉降速度是界面高度与浓度的函数，建立微分方程式：

$$\frac{\mathrm{d}v}{\mathrm{d}t} = -KV \qquad (6\text{-}24)$$

式中　$\dfrac{\mathrm{d}v}{\mathrm{d}t}$——界面沉降速率，cm/min；

　　　K——沉降特性系数，与沉降过程的体积（浓度）及液温有关，min⁻¹；

　　　V——污泥体积，mL。

积分上式得

$$v = Ae^{-Kt} \qquad (6\text{-}25)$$

式中　A——积分常数。

由于 K 值与沉降过程中的浓度有关，所以在不同的沉降区域中（干涉沉淀区、压缩区），其值不同。A 值决定于沉降曲线的形状并与初始及最终情况有关。K 与 A 值都反映了射流曝气活性污泥的性质，在不同的沉降区域内，K、A 值保持不变，故可根据表 6-18 作回归统计，分别求出干涉沉降区的沉降动力学方程式及压缩区的沉降动力学方程式，见式（6-26）与式（6-27）。

2）干涉沉降区与压缩区的沉降动力学方程式

（1）干涉沉降区动力学方程式：

$$h = 17.72e^{-0.0058t} \qquad 2 \leq t \leq 10 \qquad (6\text{-}26)$$

式中　h——泥水界面高度，cm。

（2）压缩沉降区动力学方程式：

$$h = 8.67e^{-0.0088t} \qquad 10 \leq t \leq 90 \qquad (6\text{-}27)$$

根据式（6-26）、式（6-27）作图，如图 6-17 所示。

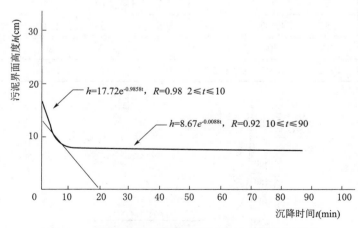

图 6-17　射流曝气活性污泥的沉降动力学方程曲线

在 K 值足够小的情况下，

$$\lim_{k \to 0} e^{-Kt} = (1 - K)^t$$

当 $K \rightarrow 0$ 时，则式（6-35）可改写成

$$V = A(1-K)^t \qquad (6\text{-}28)$$

式（6-38）的物理意义：污泥的体积是以每分钟 K 速率下沉。

3. 压缩点的确定

从干涉沉降区到压缩区之间，有一过渡区，存在着一个转折点称压缩点，可采用 Talmage 方法确定，根据表 6-8 在半对数坐标纸上点绘 V—t 关系线，干涉沉降区与压缩沉降区各成一条直线，两条直线的交点即压缩点。压缩点的坐标 X 为 9.3，Y 为 292，如图 6-18 所示。沉淀 9.3 min 即进入压缩区，说明射流曝气法混合液的沉降性能良好。

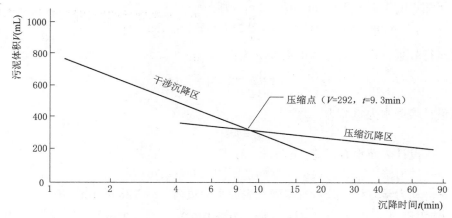

图 6-18　压缩点的确定

把压缩点的坐标分别代入式（6-36）、式（6-37），可解出积分常数 A 值，使动力学方程式更加吻合于实测的沉降曲线。

4. 对静态实验结果的修正

沉降实验是在 1000 mL 的量筒中进行，且混合液的污泥浓度较高，在量筒中沉降的过程中存在着架桥作用，会阻滞污泥的沉降，故应对静态实验结果进行修正，以便适用于实际沉淀池的设计。

1000 mL 量筒，高度 h_0=27.5 cm。若在式（6-36）和式（6-37）两边各除 h_0，则：

$$\frac{h}{h_0} = \frac{17.72\mathrm{e}^{-0.0858t}}{h_0} = 0.644\mathrm{e}^{-0.0858t} \quad 2 \leqslant t \leqslant 10$$

$$\frac{h}{h_0} = \frac{8.67\mathrm{e}^{-0.088t}}{h_0} = 0.315\mathrm{e}^{-0.088t} \quad 10 \leqslant t \leqslant 90$$

$\dfrac{h}{h_0}$ 为 t 时的界面高度与初始高度的比值，也即污泥界面高度随时间的减少率。

若生产性沉淀池的有效水深为 H，则按前述概念应有：

$$h = 0.644H \cdot \mathrm{e}^{-0.0858t} \quad 2 \leqslant t \leqslant 10 \qquad (6\text{-}29)$$

$$h = 0.315H \cdot \mathrm{e}^{-0.088t} \quad 10 \leqslant t \leqslant 90 \qquad (6\text{-}30)$$

式中　H——生产性沉淀池的有效水深，m；

　　　h——沉淀时间为 t 时的界面高度，m；

t——沉淀时间，min。

式（6-29）与式（6-30）即为二沉池设计依据的动力学方程式。

6.6.3 根据动力学方程式确定二沉池的水力负荷

压缩点处的界面下沉速率即等于设计表面水力负荷（即界面最小沉降速率）。干涉沉降区的动力学方程式（6-29）对 t 求导：

$$\frac{\mathrm{d}h}{\mathrm{d}t} = q = \tan\theta = -0.0858 \times 0.644\mathrm{e}^{-0.0858t}$$

代入压缩点的坐标 $t=9.3$ min，$H=2.2$ m，则：

$$q = -0.0858 \times 0.644\mathrm{e}^{-0.0858 \times 9.3} = 0.0547\,\mathrm{m}^3/(\mathrm{m}^2 \cdot \mathrm{min}) = 3.28\,\mathrm{m}^3/(\mathrm{m}^2 \cdot \mathrm{h})$$

根据运行效果，得出动力修正系数 ψ 为：

$$\psi = \frac{2.2 \sim 2.5}{3.28} = 0.7 \sim 0.76$$

所以设计表面水力负荷为：

$$q_\mathrm{d} = \psi q \tag{6-31}$$

式中　q_d——设计表面水力负荷，$\mathrm{m}^3/(\mathrm{m}^2 \cdot \mathrm{h})$；

Ψ——动力修正系数，根据池型构造不同取 0.7~0.76；

q——动力学方程式分析所得静态表面水力负荷，$q=3.28\,\mathrm{m}^3/(\mathrm{m}^2 \cdot \mathrm{h})$。

修正后的设计表面水力负荷 $q_\mathrm{d} = (0.7 \sim 0.76) \times 3.28 = 2.2 \sim 2.5\,\mathrm{m}^3/(\mathrm{m}^2 \cdot \mathrm{h})$，即为射流曝气系统二沉池的设计表面水力负荷，与生产性运行测定结果完全相等（见本书 6.6.1 节第 3 条）。较普通辐流式二次沉淀池设计水力负荷 1.5~2.0 $\mathrm{m}^3/(\mathrm{m}^2 \cdot \mathrm{h})$，提高 20%~30%。

6.7 异重流混合型射流曝气系统的运行与管理

6.7.1 异重流混合型射流曝气活性污泥法运行的三个平衡关系

（1）曝气池内的混合液 MLSS 应保持一定的浓度，维持适宜的 BOD、SS 负荷，保证处理效果。

由于射流曝气吸入的空气量比较恒定（在工作压力、工作液流量一定的条件下），喷射系数即吸气比不变。

冬季：由于液温低，用水量少，BOD_5 浓度较高，活性污泥的活性较差，但吸入的空气中含氧量较高，供氧也较多，见式（6-21）。可适当加大回流比，增加 MLSS 浓度，以降低 BOD、SS 负荷，保证处理效果。故冬季应保持混合液浓度 MLSS 为 3.5~4.5 g/L，沉降比 SV 15%~20% 为宜。

夏季：由于液温高，活性污泥的活性较好，但吸入的空气中含氧量较低，可适当减少回流比，即减少活性污泥呼吸耗氧，以保证处理效果。故在夏季混合液浓度可保持在较低的水平，MLSS 为 3~4 g/L，沉降比 SV 为 12%~16% 为宜。

（2）供氧与需氧的平衡。

研究证明，溶解氧浓度高于 0.1~0.3 mg/L，单体游离的细菌代谢不受溶解氧浓度的影响。一般认为机械曝气与鼓风曝气的混合液，溶解氧应保持在 2 mg/L 以上。由于射流曝气的特点，活性污泥受射流器的切割，菌胶团与气泡的粒径均较细小，接触面积巨大，氧的利用可达 65% 左右，所以射流曝气工艺的混合液溶解氧平均浓度可维持在 1~2 mg/L，就能正常运行，曝气池出水溶解氧在 0.4 mg/L 以上，也能确保处理效果，不会产生丝状菌膨胀。

由于射流曝气的供氧量相对稳定，故可通过调节吸气管的吸气量来控制溶解氧浓度。

（3）污泥 BOD_5 负荷与剩余污泥量的平衡。

测定混合液的 MLSS、SV、SVI、回流污泥浓度及污泥负荷，确定排除剩余污泥的时间间隔与排泥量。当 BOD_5 负荷一定时，排泥量基本稳定。

6.7.2 射流曝气活性污泥的指示微生物

1. 污泥负荷与曝气时间对微生物的影响

曝气时间在 40 min 以下时，由于原生动物的形成与繁殖时间不足，混合液中原生动物很少出现，出水游离细菌增加，水质浑浊。

2. 温度对微生物的影响

混合液温度在 10℃ 左右时，钟虫、累枝虫占优势，盾纤虫数量多而活跃，草履虫等全毛目和腹毛目微生物较多。当混合液温度达到 15℃ 左右时，累枝虫等原生动物无明显差别，但盾纤虫、草履虫等原生动物明显减少。

3. 溶解氧对微生物的影响

混合液溶解氧偏低的情况下（1.0 mg/L 以下），钟虫仍活跃，但累枝虫、钟虫群体有减少趋势，

4. 处理效果与指示微生物的关系

BOD_5 去除率在 90% 左右时，活性污泥的菌胶团较松散，原生动物活跃，主要优势菌群为钟虫、累枝虫及少量吸管虫。

5. 系统中不同地点微生物的情况

由于异重流混合，故曝气池内混合均匀，全池原生动物分布均匀，出口处原生动物较为活跃，数量较多。

回流污泥中，由于存在微氧，所以短期对原生动物影响不大，种类、数量都无明显变化。

6.8 射流曝气与鼓风曝气平行对比实验

6.8.1 平行对比实验立项依据

异重流混合型射流曝气处理城市污水项目，是国家建委（79）建发城市 213 号文下达的"六五"重点研究项目。1981 年由原国家城建总局组织鉴定，肯定了该项研究成果，为了取得更可靠的设计参数，以便推广使用，原城乡建设环境保护部将该项成果与鼓风曝气工艺进行平行对比实验列入 1982~1984 年重点科研项目。鼓风曝气系统于 1982 年 8 月开建，1983 年 7 月建成，投入对比实验，1985 年 10 月完成实验。对比实验由乌鲁木齐市城建局科研所承担，乌鲁木齐市科委、市城建局组织评议。

两种工艺建在同一地点，相同污水，相同的规模与工艺流程。

6.8.2 平行对比实验的工艺流程与设备

1. 水温与气温

对比实验期间（1984 年 9 月至 1985 年 8 月）的月平均水温与气温变化如图 6-19 所示。

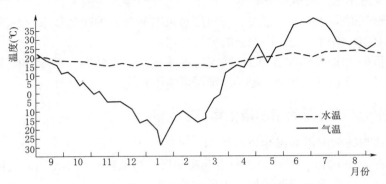

图 6-19　平行对比实验期间的月平均水温与气温

污水中工业污水占 40%，生活污水占 60%。主要工业为金属加工、非金属制品、屠宰、制药与印染等。污水主要水质指标见表 6-8。

平行对比实验期间的污水主要水质指标　　　　　　　　　　　　　　　表 6-8

时间	COD_{cr} (mg/L)	BOD_5 (mg/L)	SS (mg/L)	OC (mg/L)	NH_3-N (mg/L)	pH	Hg (mg/L)	Cr (mg/L)	Cu (mg/L)	酚 (mg/L)	Zn (mg/L)	Cn (mg/L)	BOD_5/COD_{cr}
1981~1983 年	171.5~480.0 (310)	60~248 (145)	80.0~260.0 (160)	23.0~144.0 (70)	13.0~45.0 (33)	6.3~7.2 (7.0)	1.6×10^{-4}	0.009	0.005	0.001	0.35	0.029	0.47
1983~1985 年	613.0~652.0 (380)	122.0~343.0 (200)	76.0~361.0 (210.0)										0.53

注：（　）中为平均值。

2. 对比实验工艺流程

鼓风曝气工艺流程同图 6-1。

鼓风曝气主要构筑物尺寸与设备：

沉砂池：同射流曝气

鼓风曝气池：长 20.6 m，宽 3.4 m，高 6.2 m，有效水深 5.7 m，有效容积 362 m^3

鼓风机：D22×16-15/3500 罗茨鼓风机 2 台，每台功率 17 kW，经常运行 1 台；D22×21-10/3500 罗茨鼓风机 1 台，每台功率 13 kW。

二次沉淀池：周边进水、周边出水，直径 7.6 m，沉淀区高度 2.2 m，总容积 84.2 m^3，设 4 个污泥斗。

6.8.3 对比实验的主要结论

1. 主要指标的处理效果对比

COD_{cr}、BOD_5、SS 三项指标处理效果平均值见表 6-9。

COD$_{cr}$、BOD$_5$、SS处理效果对比　　　　　　　　　　表6-9

工艺	COD$_{cr}$（mg/L）			BOD$_5$（mg/L）			SS（mg/L）		
	污水	处理水	去除率（%）	污水	处理水	去除率（%）	污水	处理水	去除率（%）
异重流混合型射流曝气工艺	342.8	67	72.4	108.2	16	85	138	65	53
传统鼓风曝气工艺	242.8	65.7	73	108.2	21	80.1	138	63.5	53.9

从表6-10可见，COD$_{cr}$、SS的去除率两者基本相同，BOD$_5$异重流混合型射流曝气工艺的平均去除率为85%，传统鼓风曝气工艺的BOD$_5$的平均去除率为80.1%，前者优于后者。

2. 经济技术指标对比

（1）电耗指标分析，两种工艺的电耗指标见表6-10。

两种工艺的电耗指标表　　　　　　　　　　表6-10

工艺名称	单方水电耗	去除1kg BOD$_5$的耗电量	电费（元/t）
射流曝气工艺	0.18 kW·h/m^3	1.43 kW·h/(kg BOD$_5$)	0.015
传统鼓风曝气工艺	0.24 kW·h/m^3	1.73 kW·h/(kg BOD$_5$)	0.204
射流曝气相对传统鼓风曝气工艺节省的百分比	25%	17.3%	25%

（2）建筑面积、土建费用、设备费用对比，见表6-11。

建筑面积、土建费用、设备费用对比表　　　　　　　　　　表6-11

项目名称	射流曝气工艺	传统鼓风曝气工艺	射流曝气相对传统曝气工艺节约的百分比
建筑面积（m^2）	555 m^2	785 m^2	30%
土建费用（元）	8.64元	12.83元	32%
设备费用（元）	3.45元	12.10元	71%

射流曝气工艺对比鼓风曝气工艺具有的优势：氧的利用率高，电耗节省25%，基建费用节省32%，设备费用节省71%。

（3）噪声污染对比。

噪声测定仪采用AC和DB三级噪声测定仪，测定结果：

射流曝气工艺的污水泵房内81 dB，隔壁值班室60 dB，射流曝气池旁没有噪声。

鼓风曝气工艺的鼓风机房内102 dB，距机房10 m处86 dB，鼓风曝气池旁54 dB。

第7章　浅池式异重流混合型射流曝气系统

7.1　浅池式异重流混合型射流曝气工艺

7.1.1　浅池式异重流混合型射流曝气污水处理厂

浅池式异重流混合型射流曝气污水处理厂，规模为 4 万 m^3/d（远期 6 万 m^3/d），生活污水占 60%，工业废水占 40%，服务人口 12 万人，污水处理厂占地面积 5.67 hm^2，1987 年 10 月建成投产。

7.1.2　工艺流程、运行方式、射流曝气器型号与工作参数

1. 污水处理厂的工艺流程

工艺流程如图 7-1 所示。

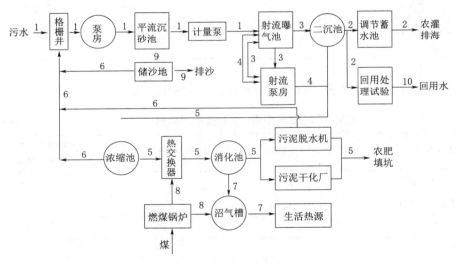

图 7-1　工艺流程示意图

1—污水；2—二级出水；3—混合液；4—回流污泥；5—剩余污泥；

6—上清液；7—沼气；8—蒸汽、热水；9—排砂；10—回用水

浅池式异重流射流曝气池的平面图与剖面图如图 7-2 所示。

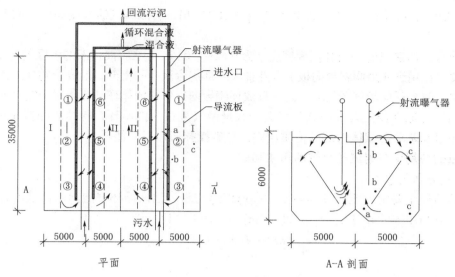

图 7-2　异重流射流曝气池的平面图与剖面图

2. 池型构造与运行方式

1）曝气池的构造

浅池式异重流射流曝气池共有两组，图 7-2 所示为其中的一组 4 廊道。每条廊道长 35 m，宽 5 m，有效水深 6 m，容积为 $35 \times 5 \times 6 = 1050$ m³，每组容积为 $4 \times 1050 = 4200$ m³，两组容积共 8400 m³，处理污水 4 万 m³/d，平均污水流量为 1667 m³/h，曝气池平均水力停留时间为 5 h。

两条廊道隔墙的顶部设污水配水渠，配水渠两边各均布 3 个配水口并配闸门，共 6 个配水口与 6 个配水闸，供采用不同运行工艺配水之用。

曝气池需氧量与搅拌混合，均由双级单喷射流器提供。

根据污水水质、处理污水量与处理程度、活性污泥回流比以及运行模式的需要，每条廊道均布射流曝气器 13 台，4 廊道射流曝气器共 52 台。

曝气池内设纵向倾斜导流板（图 7-2 A-A 剖面），倾角为 60°。以每台射流曝气器的服务范围为单元体，属完全混合型，各单元体串联成为整体推流式。

2）运行方式

廊道Ⅰ以回流污泥作为工作液，廊道Ⅱ以曝气池混合液为工作液。各配置 2 台 16FB-24 污水泵，控制配水口的闸门，可进行三种模式运行：

（1）传统曝气法：即污水与回流活性污泥全部从廊道始端进入曝气池。

（2）阶段曝气法：即回流活性污泥、污水沿着廊道配水口顺次进入曝气池。

（3）吸附再生法：即回流活性污泥从廊道始端射入，完成再生，污水则从第 3 或第 4 个配水口进入曝气池。

正常情况下，采用传统曝气法。

3）射流曝气器型号与工作参数

曝气池设单喷双级喷射曝气器，垂直安装。单台工作流量 100 m³/h，工作压力为 49~69 kPa，背压为 9.8~19 kPa，吸气比（0.6~0.8):1，氧利用率 12.9%~31.6%，动力消耗

射流器净水原理与应用

率 0.147 kW·h/m³ 污水，动力效率 2.49 kgO₂/(kW·h)，射流曝气器末端插入水面下深度为 4 m。

射流曝气器射出的均质乳化液密度 γ 为 0.64~0.70 t/m³，池内混合液的密度约为 1.1 t/m³，由于密度差作用迅速沿倾斜导向板上升并抽吸底部混合液一并上升。抽升量约为射流工作液量的 30%。每台射流曝气器的辖区内，形成环绕导向板作横向循环动流，属于完全混合区。

横向循环流动使混合液和乳化液夹带大量微气泡在池内循环，持续氧的传质过程；维持较高的氧和基质向絮体内部的传质速率，节省搅拌所需要的能耗。

3. 氧的利用率与射流曝气器的再生功能

1）氧的利用率

氧的传质主要由射流曝气器内部的高速传递与曝气池内循环气泡向水体及混合液絮体的转移，氧利用率的计算见式（6-20）与式（6-19）之比，即：

$$\eta = \frac{aL_r + AVX_v - C_eL_r}{\beta j q_i \rho_a N} \qquad (7-1)$$

式中　η——氧利用率，%；

a——去除每公斤 BOD₅ 需要的氧量，kg O₂/(kg·BOD₅)；

A——活性污泥呼吸强度，kg O₂/(kg VSS·d) 或 kg O²/(kg·h)，见式（6-18），$A = aT^2-b$，本工艺的 a=0.073，b=3.46；

L_r——去除的 BOD₅，kg/m³；

V——曝气池有效容积，m³；

X_v——曝气池混合液 MLVSS 浓度，kg/m³；

C_e——曝气池出水 DO 值，kg/m³；

j——吸气比（射流系数），m³/m³；

q_i——每台射流器的射流工作液流量，m³/d，$q_i=jQ_0$；

Q_0——每台射流器工作液流量，m³/h；

N——射流曝气器开启的台数；

ρ_a——空气密度，kg/m³；

β——空气含氧率，取 21%。

代入各已知值，计算得月平均氧利用率为 31.6%~12.9%（11 月份），平均氧利用率为 25%。此值较深池式异重流完全混合型（61%~69%）为低。原因有 2 个：

（1）深池式有效水深度 10 m，被夹带的气泡在池底受到的压力，达 2 个大气压，使气泡内的氧的分压倍增，与水体之间的浓度梯度增加一倍，加速氧向水体的传质；

（2）深池式池深表面积小，气泡与絮体的接触时间远较浅池式长。

2）射流曝气器的再生功能与生化动力学

（1）再生功能

浅池式的部分射流曝气器，是以回流污泥作为工作液，对回流污泥具有明显的再生功能。再生功能可用射流曝气器前、后的 15 min 吸附方程式计算，见本书式 (5-35)。经射流曝气器再生后，吸附功能可提高 2.15~4.64 倍（见本书 5.2.2 节）。

（2）生化动力学表达式

该厂污水 BOD₅ 平均浓度为 69.85~177.32 mg/L，代谢规律遵循一级反应，对运行结果进行统计，曝气池出流 BOD$_5$ 浓度 L_e 可用下式计算：

$$L_e = L_a e^{-0.0003111\left(1.022^{T-20}\right)S_a t} \tag{7-2}$$

式中 L_a——进水 BOD$_5$ 浓度，mg/L；

S_a——挥发性活性污泥，MLSS；

T——污水水温，℃；

t——平均曝气时间，h。

7.2 浅池式射流曝气的工艺参数与运行效果

7.2.1 运行与工艺参数

1. 曝气池运行参数

处理污水量 Q=2.56 万 ~4.00 万 m^3/d，平均曝气时间 T=2.32~3.46 h，活性污泥负荷 F/M=0.393(0.213~0.578) kgBOD$_5$/(kgMLSS·d)，混合液溶解氧浓度 DO=1.46~6.21 mg/L，混合液浓度 MLSS=3124（1598~4872）mg/L，30 min 沉降比 SV_{30}=27.7%(14.8~43.0%)，污泥指数 SVI=82.2(64.8~138.5)，回流比 R=150%~100%，供气量 $q_b = 2.18(1.82 ~ 3.99)$ m^{3}气 / m^{3}水，氧利用率 η_{O_2}=23.4%(12.9%~31.6%)。

2. 二沉池运行工艺系数

二沉池共 3 座，中心进水辐流式，每座有效直径 D=24 m，总深度 6.75 m，有效水深 H=3.9 m；沉淀时间 t=2.0~3.4 h；表面水力负荷 q_0=1.73~1.00 m^3/(m^2·h)。每池设 3 kW 周边驱动单臂刮泥机一部。

7.2.2 运行效果

1. 曝气池混合液的指示生物

采用电子显微生物计数技术，观察活性污泥混合液中的指示生物种群及其数量分布规律，反馈控制系统工况，能在几分钟内较为准确地指示出系统工况及出水水质情况。用传统控制与生物数控相结合，迅速有效地控制全系统稳定运行。系统正常运行时，主要指示生物种群及其数量分布规律见表 7-1。

系统正常时指示生物的分布   表 7-1

微生物种类	数量范围（个 /mL）
固着型纤毛虫	3000~10000
盾纤虫	1000~5000
吸管虫	50~400
漫游虫	30~200
轮虫	0~50

表 7-2 给出微生物数控指标及系统的运行工况。该工况下系统出水水质合格。

当指示生物分布大大超出表 7-1 时，相应处理水质显著下降。表 7-3 为系统非正常运行特例。经增大曝气量使 DO 值达 2~3 mg/L，提高回流比 R 值使 $MLSS > 2.0$ g/L，系统即恢复正常。

指示生物分布及系统处理效果 表 7-2

指示生物分布		系统处理效果			
种类	数量（个 /mL）	指标	进水（mg/L）	出水（mg/L）	（%）
固着型纤毛虫	5272	BOD_5	79.39	6.50	92
盾纤虫	4107	COD	219.68	43.91	80
吸管虫	180	SS	100.90	27.50	73
漫游虫	82	pH	1.12	0.58	48
轮虫	28	浊度	60.50	18.33	64
		油	3.11	0.20	94
		硫	0.47	0.08	85

系统工况：$MLSS$=1846 mg/L，SV_{30}=25.5%，SVI=138.5，DO=1.50 mg/L，t=2.8 h。

非正常运行时的指示生物分布情况，见表 7-3。

非正常运行特例 表 7-3

指示生物分布		处理水水质		曝气池工况	
种类	数量（个 /mL）	指标	（mg/L）	指标	数值
固着型纤毛虫	29	BOD_5	36.91	DO（mg/L）	1.30
盾纤虫	1020	COD	72.53	MLSS（mg/L）	1050
吸管虫	66	SS	53.60	SV_{30}（%）	10.5
漫游虫	120	pH	7.42	SVI	100
轮虫	2	浊度	27.35	T（h）	2.96

对照表 7-2，非正常运行时的指示生物，固着型纤毛虫与盾纤虫锐减，吸管虫与漫游虫明显减少。后生动物钟虫也明显减少。

2. 浅池式射流曝气系统的处理效果

表 7-4 为连续 15 个月正常运行时的出水水质及处理效果。

BOD_5 去除率：85%~94%，平均 89.5%，出水 BOD_5 平均值为 11.06 mg/L；COD 去除率：69%~81%，平均 77.1%，出水 COD 平均值为 50.22 mg/L；SS 去除率：65%~85%，平均 75.3%，出水 SS 平均值为 27.6 mg/L；浊度去除率：64%~93%，平均 78.5%，出水浊度为 14.0 NTu。二级处理水经补充处理后，回用于煤码头除尘。

污水处理效果一览表（算术平均法）

表7-4

日期	BOD			COD			SS			浊度（NTU）			pH		水温（℃）90
	进水（mg/L）	出水（mg/L）	η（%）	进水（mg/L）	出水（mg/L）	η（%）	进水（mg/L）	出水（mg/L）	η（%）	进水	出水	η（%）	进水	出水	
10月	83.16	10.30	88	219.90	51.08	76.8	181.30	29.49	84	145.08	17.67	88		7.23	19.6
11月	101.08	7.55	93	195.42	54.21	72	99.46	27.87	72	74.40	18.75	74		7.00	13.0
12月	85.07	11.22	87	207.06	51.91	75	93.26	25.11	72	84.63	19.08	77		7.24	10.6
次年1月	97.9	14.6	85	221.07	50.75	77	99.6	18.40	82	34.62	4.3	88	7.64	7.05	6.3
2月	90.19	13.13	85	225.59	55.27	75	79.94	28.20	65	41.63	14.94	64	8.09	7.05	5.7
3月	107.86	12.22	89	235.19	54.51	78	75.79	24.86	67	33.6	5.9	82	7.78	7.16	7.9
4月	177.22	17.48	90	282.20	56.88	80	115.80	29.80	74	91.40	21.40	77	7.36	7.20	12.3
5月	177.32	10.86	94	297.44	57.05	81	159.4	33.65	79	70.64	10.92	85	7.27	7.15	15.7
6月	172.60	12.36	89	286.05	54.91	81	172.80	29.6	83	107.60	7.80	93	7.42	7.34	19.5
7月	71.24	10.49	85	214.82	46.91	78	103.00	28.60	72	60.54	4.22	93	7.41	7.45	23.2
8月	69.85	10.49	85	185.34	43.38	77	173.86	26.10	85	90.02	18.74	79	7.57	7.55	23.6
9月	79.39	6.5	92	219.68	43.91	80	100.90	27.50	73	50.50	18.33	64	7.35	7.32	18.5
10月	106.23	6.69	94	211.55	43.31	80	104.20	28.90	72	85.52	21.23	75	7.49	7.41	17.4
11月	77.39	10.43	87	200.73	47.64	76	138.94	26.12	81	41.40	18.53	65	7.75	7.43	13.2
12月	116.95	11.63	90	199.73	41.63	79	93.64	29.13	69	78.33	8.46	89	7.74	7.31	8.5

7.2.3 浅池式射流曝气的能耗与能效

1. 污水处理厂内部能量平衡

该厂的能源以电为主，辅以工业烟煤及污泥消化产生的沼气。厂内能耗与生物产能的相对能量平衡，如图 7-3 所示。

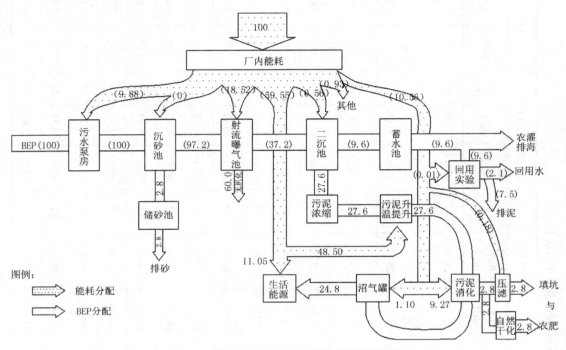

图 7-3　污水处理厂内相对能量平衡示意图

污水处理厂总能耗以百分比计，经计算分配如下：污水提升泵站占 9.88%，沉砂池 0，射流曝气池占 18.52%，生活用（照明、取暖）占 11.05%，污泥升温占 48.5%，二沉池排泥占 0.56%，化验室占 0.01%，压滤脱水占 0.18%，沼气罐用能占 1.10%，污泥消化池搅拌占 9.27%，其他 0.93%。

污水处理厂总生物潜能 BEP，以可生化降解的 BOD_5 总量计算，除沉砂池沉砂带走 2.8%，经射流曝气池降解与合成消耗 60.0%，处理水排除带走占 9.6%，其余的 27.6% 转化为生物能，补充污水处理厂的能源。

2. 污水处理系统的生化潜能

污水处理系统的生化潜能 BEP（Biological Energy Potential），为可生化降解有机物完全氧化为 CO_2 和 H_2O 所释放的潜能。BEP 可用式（7-3）计算：

$$BEP = CEP_{细胞} + CEP_{产物} + CEP_{热-功} = 13817BOD_L \tag{7-3}$$

式中　BEP——有机物生化潜能，kJ；

　　　$CEP_{细胞}$——新合成细胞的化学潜能，kJ；

　　　$CEP_{产物}$——代谢产物化学潜能，kJ；

　　　$CEP_{热-功}$——代谢过程中释放的热和功，kJ；

　　　BOD_L——可生化降解 BOD。

114

3. 电能分配

污水处理厂的污水与污泥处理共耗电能为 1180.8 kJ/m³ 水。其中污水处理电耗占 81.4%，污泥处理电耗占 18.6%。表 7-5 为该厂与国内其他城市污水处理厂曝气部分（含回流污泥）的实际运行电耗的粗略比较。可见射流曝气活性污泥工艺节能率约为 22.6%~37.0% 之间。按当年的价格（1988 年）计算，在满荷载的情况下运行，能源费用为 0.42 元 /m³。

城市污水处理厂曝气单元能耗值及节能率　　　　　　　　表 7-5

曝气工艺	规模（万 m³/d）	曝气单元能耗		节能率（%）
		（kJ/m³）	（kW·h/m³）	
鼓风曝气（微孔）	26.00	756.00	0.21	30.0
表面曝气	3.30	838.80	0.233	37.0
鼓风曝气	3.00	839.52	0.233	37.0
鼓风曝气（固定螺旋）	2.50	683.28	0.190	22.6
射流曝气	4.00	529.20	0.149	0

4. 总投资、材料消耗

该厂总投资按当年（1986 年）价格预算及设计文件，建厂总投资、三材用量见表 7-6。

建厂总投资、三材用量　　　　　　　　表 7-6

项　　目	总投资（元 /m³）	钢材（t/ 万 m³）	木材（m³/ 万 m³）	水泥（t/ 万 m³）
传统活性污泥法	341.92	290	175	1581
该厂建厂文件	274.68	170	128	1261
节省率（%）	19.7	38.2	26.7	23.1

7.3　浅池式异重流混合型的混合特性研究

7.3.1　浅池式异重流混合型的水力混合特性

浅池式异重流混合型射流曝气池的整体流态，属单元完全混合型串接成的推流式曝气池。

1. 曝气池水力混合的重要作用

曝气池的设计主要依据有机物负荷与水力停留时间为参数，而关于曝气池内气—液—固（活性污泥絮体）的混合程度对基质与氧的传递、有机物降解所起的重要作用考虑不够。此外在评价曝气设备的性能时，也侧重于设备的充氧动力效率 E_p、氧的利用率 E_A 等，而关于曝气设备本身在曝气过程中对基质所起的降解与混合作用的研究也不多。为此，在该浅池式异重流混合型射流曝气池投产后，对曝气池的水力混合、传质过程与分解有机物方面，所起的作用进行了些初步研究。研究工作是以停留时间（RTD，retention time distribution）的分布为理论基础，得出浅池式异重流混合型射流曝气池的宏观混合模型及其计算机求解与应用。

2. 混合模型建模前有关参数的设定

建模涉及的各项参数如下：

Q——处理污水流量，m^3/min；

Q_{RL}——混合液循环总流量，m^3/min；

Q_{RS}——回流污泥总流量，m^3/min；

i——串联级数（$i=1$，2，$\cdots$，n），即以每个射流器为单元体的完全混合区个数；

Q_{Ii}——进入 i 级的污水流量，m^3/min；

Q_{rsi}——进入 i 级的回流污泥量，m^3/min；

Q_{rLi}——i 级的混合液循环流量，m^3/min；

α——混合区容积与总容积之比；

β——液体非短流量与总流量之比；

t_0——循环时间，min；

V_i——第 i 级容积，m^3；

V——曝气池总容积，m^3，$V = \sum_1^n V_i$；

Q_i——通过 i 级之流量，m^3/min；$Q_i = \sum_{j=1}^i \left(Q_{Ij} + Q_{rLj} + Q_{rsj} \right)$

C_{0i}——进入第 i 级的示踪剂平均浓度，mg/L；

C_0——单位时间内进入整个系统的污水中的平均基质浓度，mg/L；

C_i'——第 i 级混合区示踪剂浓度，mg/L；

C_i——第 i 级混合区出流中示踪剂浓度，mg/L；

C_n^*——循环液中示踪剂浓度，mg/L；

W_i——第 i 级示踪剂投量，g；

Q_i'——第 i 级非短流流量，m^3/min；

R——污泥回流率；

R_i——混合液循环率；

μ——计算曝气时间，h；

σ^2——$E(t)$ 曲线均方差；

$\bar{\eta}$——基质平均降解率；

η——基质降解率，$\eta = \dfrac{L_0 - L}{L_0}$；

L_0——基质初始浓度，mg/L；

L——t 时间基质浓度，mg/L。

7.3.2 停留时间分布理论与流动混合模型

1. 反应器内流体的停留时间分布 RTD 函数

反应器内流体的停留时间分布（RTD）反映了流体流过反应器时的宏观混合过程。RTD 研究是把一个流体微元通过反应器系统的输送过程看作是一个随机过程，而一个流体微元在系统（反应器）中的停留时间，就是一个连续的随机变量。故宏观混合过程研究的核心就是 RTD 分析方法。

液体在稳定流动系统中的 RTD 主要用两种概率分布来定量描述，即 RTD 密度函数 E (t) 和 RTD 函数 F (t)，以及表征反应器死区和短流量度的 RTD 函数——强度函数 $\wedge$ (t)。

典型的 E (t)、F (t) 和 $\wedge$ (t) 曲线如图 7-4 所示。

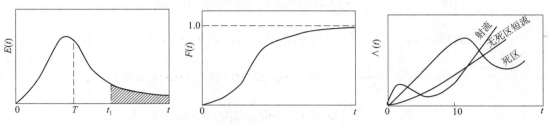

图 7-4　典型 E (t)、F (t)、$\wedge$ (t) 曲线图

2. 反应器流动混合模型

反应器流动混合模型用于分析流体在反应器内的实际流动状况。选择一个切合实际的合理简化的流动模型，然后通过 RTD 的实测，检验所设模型的正确程度。

浅池式射流曝气池属串接单元完全混合的推流式，故建模是以完全混合式及推流式两种模型为基础，建立起简化了的定性模型再进行求解的方法。

3. 宏观混合过程的建模

1）射流曝气系统的简化模型

浅池式射流曝气池工艺见图 7-2，建模前作如下几点假设：

（1）每一配水口附近的区域为一个完全混合区域，称之为一级；

（2）每级中存在死区和短流，且死区和混合区之间无质量交换；

（3）污水一进入混合区，便达到完全混合；

（4）整个曝气池系统处于稳定状；

（5）回流污泥中不含示踪剂；

（6）同一时刻流出第 n 级的混合液通过循环系统同时进入各级曝气区域；

（7）进入每级的 Q_{li}、Q_{ri} 混合液基本无短流现象；

（8）短流流量与混合区出流混合后，进入下一级。

通过上述假设，射流曝气池系统可简化为多级完全混合型串联、多股进水、每级非理想混合的外循环混合系统。图 7-5 为简化模型示意图。简化模型以常见的死区和短流作为导致非理想流动及对 RTD 的主要影响因素。

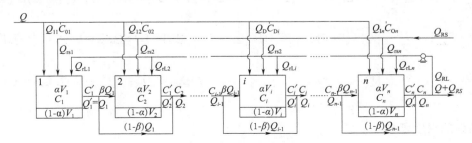

图 7-5　流动模型示意图

2）物料平衡方程的建立

用 Cl⁻ 为示踪剂的溶液，采用脉冲法在曝气池各配水口同时一次性投加，对每级作示踪剂物料衡算，得常微分方程组如下：

$$
\left.
\begin{array}{ll}
\text{第1级：} & \alpha V_1 + \dfrac{\mathrm{d}C_1'(t)}{\mathrm{d}t} + Q_1'C_1'(t) = Q_{11}C_{01}'(t) + Q_{\mathrm{rL1}}C_n^*(t) \\[2mm]
\text{第2级：} & \alpha V_2 + \dfrac{\mathrm{d}C_2'(t)}{\mathrm{d}t} + Q_2'C_2'(t) = \beta Q_1 C_1'(t) + Q_{12}C_{02}'(t) + Q_{\mathrm{rL2}}C_n^*(t) \\[2mm]
\text{第}i\text{级：} & \alpha V_i + \dfrac{\mathrm{d}C_i'(t)}{\mathrm{d}t} + Q_i'C_i'(t) = \beta Q_{i-1}C_{i-1}'(t) + Q_{1i}C_{0i}'(t) + Q_{\mathrm{rLi}}C_n^*(t) \\[2mm]
\text{第}n\text{级：} & \alpha V_n + \dfrac{\mathrm{d}C_n'(t)}{\mathrm{d}t} + Q_n'C_n'(t) = \beta Q_{n-1}C_{n-1}'(t) + Q_{1n}C_{0n}'(t) + Q_{\mathrm{rL}n}C_n^*(t)
\end{array}
\right\} \tag{7-4}
$$

初始条件：

$$
\begin{aligned}
& C_i'(t) = 0 \\[1mm]
& C_{0i}'(t) = \frac{W_i}{Q_{\mathrm{Li}}}\delta(t) \\[1mm]
& C_n^*(t) = C_n(t-t_0) \\[1mm]
& C_n^*(t)\big|_{t<t_0} = 0 \\[1mm]
& \delta_{(t)} = \begin{cases} 1, & t=0 \\ 0, & t>0 \end{cases}
\end{aligned} \tag{7-5}
$$

常微分方程组包含的前提条件：

$$
Q_i C_i(t) = (1-\beta)C_{i-1}(t)Q_{i-1} + Q_i'C_i'(t) \tag{7-6}
$$

$$
C_i' = Q_i - (1-\beta)Q_{i-1} \tag{7-7}
$$

根据式（7-6），从 $i=1$ 到 $i=i$ 递推可得：

$$
Q_i C_i(t) = \sum_{j=1}^{i} Q_j' \, C_j'(t)(1-\beta)^{i-j} \tag{7-8}
$$

式中　j——为级数，$1 \le j \le n$。

考虑到第 n 级中示踪剂浓度 C_n'、$C_n i$ 相差不大，故可由式（7-8）将式（7-1）整理成：

$$
\frac{\mathrm{d}C_1'(t)}{\mathrm{d}t} = \left[-Q_1 C_1'(t) + Q_{\mathrm{I1}}C_{01}'(t) + Q_{\mathrm{rL1}}C_n'(t-t_0)\right]/(\alpha v_1)
$$

$$
\frac{\mathrm{d}C_2'(t)}{\mathrm{d}t} = \left\{\beta\left[Q_2 - (1-\beta)Q_1\right]C_1'(t) - \left[Q_2 - (1-\beta)Q_1\right]C_2'(t) + Q_{12}C_{02}'(t) + Q_{\mathrm{rL2}}C_n'(t-t_0)\right\}/(\alpha v_2)
$$

$$
\frac{\mathrm{d}C_i'(t)}{\mathrm{d}t} = \left\{\beta\sum_{j=1}^{i-1}(1-\beta)^{i-j-1}\left[Q_j - (1-\beta)Q_{j-1}\right]C_j'(t) - \left[Q_i - (1-\beta)Q_{i-1}\right]C_i'(t) + Q_{1i}C_{0i}'(t) + Q_{\mathrm{rLi}}C_n'(t-t_0)\right\}/(\alpha v_i)
$$

$$
\frac{\mathrm{d}C_n'(t)}{\mathrm{d}t} = \left\{\beta\sum_{j=1}^{n-1}(1-\beta)^{n-j-1}\left[Q_j - (1-\beta)Q_{j-1}\right]C_j'(t) - \left[Q_n - (1-\beta)Q_{n-1}\right]C_n'(t) + Q_{1n}C_{0n}'(t) + Q_{\mathrm{rL}n}C_n'(t-t_0)\right\}/(\alpha v_n)
$$

$$
\tag{7-9}
$$

RTD 的密度函数

$$
E(t) = C_n(t)/C_0 = C_n'(t)/C_0 \tag{7-10}
$$

方程组式（7-9）的解析极为复杂，可用数值解来说明混合流动模型。

4. 混合流动模型常微分方程组的求解

根据龙格 - 库塔法求解一阶常微分方程组的计算公式可编制出求解方程组（7-9）的程序。由计算结果绘出理论 $E(t)$ 曲线。

对于不同工艺的射流曝气系统，计算得到的数值解各不相同。根据图 7-2 所示工艺系统、每级进入等量污水、循环液、回流污泥和示踪剂的情况下可设：

$$V_i = V/n \qquad\qquad Q_{RL} = R_1 Q \qquad\qquad Q_R = RQ$$

$$Q_{1i} = Q/n \qquad\qquad Q_{r1i} = R_1 Q/n \qquad\qquad Q_i = (1+R_i)Q/n$$

$$Q_1' = (1+R)\left[1+\beta(i-1)\right]Q/n \qquad\qquad C_{0i} = C_0$$

按照工艺要求，将参数 Q、V、n、α、β、R、R_1、C_0、t_0、C_{0i} 值输入计算机中，便可得到方程组（7-9）的数值解。图 7-6~ 图 7-9 为计算机模拟计算 $E(t)$ 曲线。

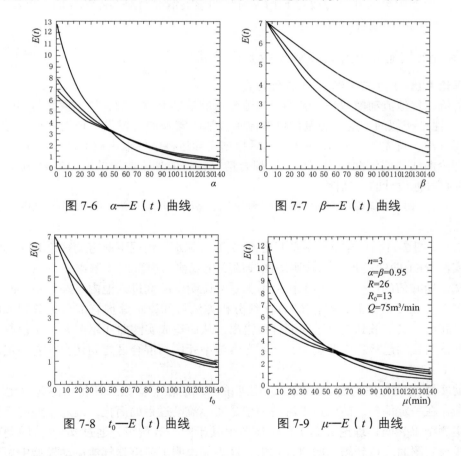

图 7-6　α—$E(t)$ 曲线　　　　　　图 7-7　β—$E(t)$ 曲线

图 7-8　t_0—$E(t)$ 曲线　　　　　　图 7-9　μ—$E(t)$ 曲线

每组曲线均是在固定其他参数，顺次改变一个参数值（α、β、t_0、μ）的条件下作出。α 反映了曝气池内实际混合区占总容积的比值，α 值的减小必然使曝气池有效混合区减少，示踪剂在混合区内停留的时间缩短，即平均停留时间 t 减小。混合的效果趋于完全混合。图 7-6 与图 7-7 表示出，α 值决定着 $E(t)$ 曲线的旋转性。

β 值同样决定着 $E(t)$ 曲线的旋转性，但旋转中心点固定在 $t=0$ 处。当 β 值较大时，

在 $\Delta\beta$ 变化范围内 $E(t)$ 值无明显的变化。随着 β 值的减小，$E(t)$ 曲线沿逆时针方向旋转，这显然是由于短流量的增加，使进入混合区的流量减少，示踪剂在混合区内的停留时间相对延长，混合的效果趋向于平推流。

从图 7-8 可以看出，如果没有循环液，计算结果表明：t_0=45 min 时，$E(t)$ 曲线出现了二次峰值，此时系统内循环对混合效果的影响非常显著，这为曝气池循环系统的设计提供了一个约束条件。$E(t)$ 曲线尾部的收敛性随 t_0 的增大而减弱，是系统内循环时间的增加使示踪剂在系统内停留时间过长的缘故。

μ 为曝气池工艺计算时采用的曝气时间，其实它并不反映曝气池的实际曝气时间。从图 7-9 可见，μ 与 $E(t)$ 的关系实际上反映了 V 与 $E(t)$ 曲线的关系。随着 μ 的增大，$E(t)$ 曲线沿顺时针方向在旋转，由此导致平均停留时间的延长，混合的效果趋向于平推流。

模拟计算的结果还表明：C_0、n 值对 $E(t)$ 曲线没有影响，R_1 对 $E(t)$ 曲线影响甚微。总的来说，模型中绝大部分参数对 $E(t)$ 曲线的影响情况与对实际情况的分析较为符合。本模型符合曝气池的混合过程。

7.3.3　射流曝气池混合流动模型 $E(t)$ 的应用

1. 理论 RTD 曲线与实测 RET 曲线拟合

因射流曝气池流动模型是在实测曝气池分析的基础上建立的。故该模型与实际曝气池的 RTD 特性是相似的，这为定量评价射流曝气池的宏观混合提供了理论依据。对于实际的射流曝气池，首先测定 RTD 曲线，然后根据实际运行条件求出流动模型对应的 RTD 曲线。将理论曲线与实测曲线进行拟合，拟合情况较好的理论曲线的模型参数 α、β 可用于评价实际曝气池设计的合理性。

该污水处理厂射流曝气池 RTD 实际测试时，分别开启 1~3 个配水口（见图 7-2），作脉冲示踪测定。

图 7-10、图 7-11、图 7-12 分别是开启 1、2、3 个配水口情况下测定的理论 RTD 曲线（虚线）与实测 RET 曲线的拟合图。实测曲线的变化规律与模型曲线基本上一致，不同之处在于测试初期峰值的产生。$E(t)$ 初值不为零，说明示踪剂进入池内是经过一段时间才达到均匀混合。在峰值之后，根据 RTD 曲线分析方法可知，示踪剂有部分扩散到死区，经过一定时间后，又扩散到混合区随混合液流出，从而造成实测曲线尾部 $E(t)$ 值收敛较慢且高于理论曲线的趋势。由此看来，实际曝气池中死区与混合区之间还存在着一定量的质量交换。

借助实测曲线与理论曲线的拟合，用理论曲线的模型参数来评价实际曝气池内的混合情况，存在一定偏差。前已指出流动模型是实际流动过程的简化，因此偏差的产生是必然的。实测结果表明，理论 $E(t)$ 值与实测值处于同一数量级，通过 α、β 值的调整能使理论曲线与实测曲线达到满意的拟合效果。这不仅说明了射流曝气池流动模型中短流和死区这两个非理想流动因素的存在，而且还说明了由拟合情况推断死区率和短流率数值的可靠性。实测拟合的结果是：n=1 时，α=0.60，β=0.95，n=2 时，α=0.73，β=0.95，n=3 时，α=0.85，β=0.95。说明配水口开启数越多，混合情况越好，短流量越少。

实测强度函数曲线图 7-13，在一定区域内强度函数 $\Lambda(t)$ 随 t 而减小的情况也证实了死区存在的状况。

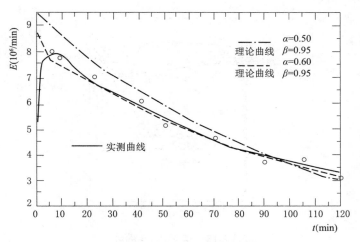

图 7-10　*n*=1 实验曲线

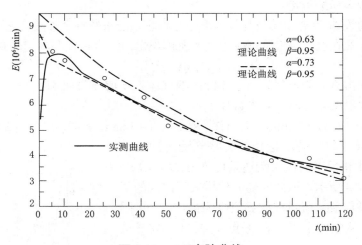

图 7-11　*n*=2 实验曲线

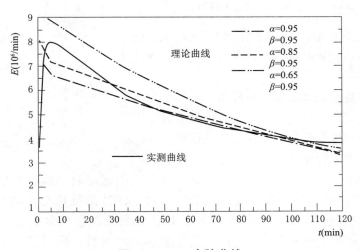

图 7-12　*n*=3 实验曲线

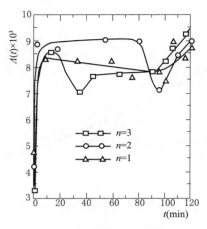

图 7-13　实测 $\wedge$ (t) 曲线

2. 最佳混合容积的确定

定义混合指数 M 为流动模型与最佳混合容积联系起来的一个参数，它反映了在曝气池内单位体积混合液在恒定曝气强度时曝气池所体现出的混合特性。其定义式如下：

$$M(\mu) = \sigma^2(\mu) - F(\mu) \qquad (7-11)$$

M 值愈小，混合效果愈好。对于实际的曝气池，M 值在 -1~1 间变化。

设多点进水射流曝气池工艺参数如下：

Q=1 万 m^3/d（6.49 m^3/min），R_1=1.3，R=2.6，t_0=5 min，α=β=0.95，t=2 h。

用求解每级容积、进水量相等的曝气池流动模型常微分方程组计算程序，代入上述条件可得 M（μ）—μ 曲线，如图 7-14 所示。取曲线随 μ 值增大而出现的第一个极小值为最佳值，所对应的 μ 值则为最佳 μ 值（图 7-14 中 A 点），从曲线上可查得 A 点 μ_p=3.5 h，故最佳混合容积为：

$$V_p = \mu_p Q = 3.5 \times 6.94 \times 60 = 1457 m^3$$

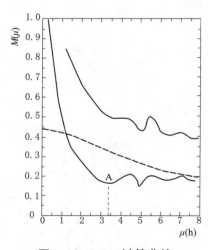

图 7-14　M—μ 计算曲线

V_p 值不仅考虑污水，而且还考虑到回流污泥，循环液进入曝气池后达到较好混合时的情况，可供工程设计参考。

3. 在生化反应动力学计算中的应用

建立流动模型的目的之一，是确定模型参数，用综合反应动力学数据来估计反应效果，流动模型在反应动力学计算方面（如求转化率）有一定价值。

对于射流曝气池的实测结果证明了射流曝气池的流动具有线性性质。污水生物处理过程中，基质一般通过一级反应得到降解。由于线性系统具有叠加性，故在上述情况下曝气池生化反应结果为反应动力学与 RTD 的函数，它与微观混合及混合迟早无关，根据 RTD 函数与表示反应特性的动力学数据加以叠加，便可获得有机物的平均去除率：

$$\eta_{cp} = \int_0^t \eta E(t)\,dt$$

$$\eta = \frac{L_0 - L}{L_0} = 1 - e^{-k_2 X_v t} \qquad\qquad (7\text{-}12)$$

式（7-12）将射流曝气池系统的流动过程与生化反应动力学（反应过程）联系起来。η_{cp} 值虽与常用的 η 在数值上相近，但在含义上比后者进了一步。η_{cp} 的求解式反映了影响有机物降解的两个主要方面，而 η 只反映了一个。可以说 η_{cp} 比 η 更全面、更合理、更准确地反映了曝气池的处理功能。

4. 几点结论

（1）反应器的容积，常采用水力负荷与有机负荷作为设计参数，如结合流动混合效果对降解速率的促进作用，调整反应器容积的确定将更具合理性。

（2）多级串联、多股进水、每级非理想混合、外循环流动系统在水处理构筑物中具

有代表性。以 α、β 为主要模型参数的射流曝气池流动模型有一定的工程意义。模型的合理性得到了实际测定的验证。该模型的建立，有助于对曝气池内混合过程进行定性，甚至定量分析成为可能，为改善设计和运行管理提供了理论依据。

（3）混合指数 M 和有机物平均降解率 η_{cp} 有助于合理评价曝气池的处理功能。

第8章 射流曝气出水回用于工业及射流器的其他应用

射流曝气为二级处理，再经补充处理后回用于工业洗涤、煤码头除尘以及市政用水。本章主要介绍回用处理的工艺流程与回用效果。

8.1 回用于工业洗涤

青岛市城市污水回用于工业是原建设部重点攻关项目，于1982年开始，1984年年底完成并通过专家组鉴定。鉴定结论："经过处理后的城市污水，成功地用于海水养殖场的海藻工业制品的洗涤以及建筑工地等，这在我国是第一次，其经验将为北方缺水地区提供借鉴。"

8.1.1 城市污水水质指标与水质分析数据处理

1. 城市污水的水质

青岛市污水由于受海水渗透与土壤性质的影响，氯离子、钠离子浓度比其他城市的高得多，COD_{Cr}、BOD_5、SS等的变化幅度也较大，城市污水主要水质见表8-1。

污水与预处理出水水质 表8-1

序号	污水水质指标	变化幅复	统计月平均值	射流曝气前预处理出水
1	BOD_5（mg/L）	704~223	518~250	250~154.0
2	COD_{Cr}（mg/L）	1293.3~167	983.6~286	568.1~172.6
3	TS（mg/L）	2134~804	1528.3~1047.1	186.4~154.2
4	DS（mg/L）	1964~718	1107~851	—
5	SS（mg/L）	809~244	411.8~260.5	293.2~184.4
6	Cl^-（mg/L）	2400~200	1340.2~270	1242.2~214.3
7	硬度（$CaCO_3$）（mg/L）	550~230	365.2~340.2	307.2~214.2
8	NH_3-N（mg/L）	96.6~19.6	57.9~40.7	43.9~31.1
9	氯化物（mg/L）	0.018	—	0
10	SO_4^{2-}（mg/L）	156.6~10.1	101.7~22.6	78.7~19.5
11	PO_4^{3-}（mg/L）	22.6~6.3	16.2~6.5	3.24~1.95
12	NO_2^-（mg/L）	0~2.5	—	7.2~5.6
13	水温（℃）	25~6.4	—	25~6.7
14	pH	6.4~7.5	—	7.2~8.03

2. 水质分析数据的处理

由于污水水质的变化及运行管理方面的因素，所有数据存在着随机误差、系统误差和过失误差。随机误差属正态分布密度函数，这类误差会由于大量的分析数据而自动消除，系统误差和过失误差不可能自动消除而且有可能产生误导，属于非正确值，其误差规律不呈正态分布，为了消除系统误差和过失误差，使水质分析数据更加切合实际，故对大量分析数据用下列公式进行处理：

$$P\{(X-\mu)\leqslant 2\sigma\}=0.954$$

遴选仅含有随机误差的正确值，剔除包含系统误差和过失误差的非正确值。主要水质指标 BOD_5、COD_{Cr}、SS、TS、DS 等都按此原理统计遴选，统计遴选率达 97.2%，剔除率 2.8%。表 8-1 所列分析数据，均用此方法作了计算处理。

8.1.2　回用的前提条件与回用处理工艺选择

1. 城市污水回用于工业的前提条件

（1）准确掌握污水的来源与水质，从表 8-1 可知，BOD_5、COD_{Cr}、SS、TS、DS、Cl^- 等的浓度，都超过《污水排入城镇下水道水质标准》GB/T 31962—2015 的规定，且 DS、Cl^- 等都难以用常规的处理方法去除。故对排入本系统下水道的主要工业企业的污水水质与水量作了调查，凡超过该标准的工业企业，都应作局部处理后，再排入下水道。调查结果列于表 8-2。

超标排入城市下水道的工业企业的水质水量表　　　　　　　　表 8-2

单位名称	排入下水道水量（m^3/d）	占总污水量的百分比（%）	COD_{Cr}（mg/L）	DS（mg/L）	SS（mg/L）	Cl^-（mg/L）	硬度（以$CaCO_3$计）（mg/L）
海洋研究所	300	10		16194		10500	1138
豆制品厂	110	3.66	7433.0	8994	1842	1100	
电视机二厂	14	3.66	10098		15990		
汽水厂	400	13.3	2896.8	3914			
中药厂	100	3.3	2626	2032			
纺织所			1808.5		3088		
照相机总厂	30	3	1186.7	1532			
《污水排入城镇下水道水质标准》			500~300		400	500	

对超标排放的单位，要求截留或作局部处理，以便降低回用水处理的难度与成本。

（2）必须满足回用对象对回用水的水质要求。

（3）回用水不含有害有毒物质，如重金属离子、细菌、病毒等。青岛城市污水处理后回用于海水养殖的海藻工业制品的洗涤与建筑工地用水，此两项回用水均有明确的水质标准。据此作为回用水处理工艺选择的依据。

2. 回用处理的工艺选择

根据污水水质与回用水水质要求，选择回用处理的工艺流程，如图 8-1 所示。

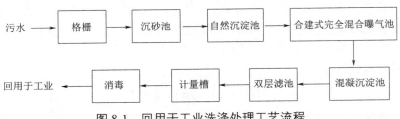

图 8-1　回用于工业洗涤处理工艺流程

1）二级处理前的预处理工艺

由于原污水水质浓度较高，不符合进入二级处理的水质要求，故需经过预处理，预处理方法有混凝沉淀与自然沉淀。

（1）混凝沉淀

由于如下三种混凝剂的 pH 值适用范围均符合污水的水质，被遴选出进行对比实验。$FeCl_3$ 的最佳 pH 值适用范围为 6.0~8.4，硫酸铝 $\left[Al_2(SO_4)_4\right]_3 \cdot 18H_2O$ 最佳 pH 值适用范围为 5.5~7.5，聚合铝 PAC 的最佳 pH 值适用范围为 5~9，结果如下：

为使 BOD_5、COD_{Cr}、SS、PO_4^{3-} 等 4 项指标的去除率在相同的沉淀时间 1.5~1.82 h 的条件下，分别达到 30%~40%、60%~70%、40%~50%，与 45%~55%，$FeCl_3$ 的投加量是 35~50 mg/L，PAC 的投加量是 38~42 mg/L，硫酸铝的投加量是 45~65 mg/L。

比较三种混凝剂的使用结果，$FeCl_3$ 的投加量较多，处理水呈微棕红色并有一定的腐蚀性。硫酸铝的投加量最多，投加量超过 65 mg/L 后，会使射流曝气池活性污泥呈灰白色且比较松散。

（2）自然沉淀

沉淀时间同上，对 COD_{Cr} 的去除率达 56.4%~65.0%，比混凝沉淀高，但对 SS 及 PO_4^{3-} 的去除率不及混凝沉淀，综合考虑经济性与简化工艺流程等因素，最终选择自然沉淀法作为预处理工艺。

2）二级处理工艺

二级处理采用合建式完全混合型射流曝气活性污泥工艺，用单喷嘴双级射流曝气器，曝气时间 3 h，沉淀区沉淀历时 1.0 h。

3）回用处理的混凝沉淀

完全混合型射流曝气池出水进入混凝沉淀池，进一步去除胶体物质、溶解性 BOD_5、COD_{Cr}、PO_4^{3-}、SS 以及部分阴离子。用 4 种混凝剂作对比实验，混合方式、BOD_5，PO_4^{3-} 的去除效果见表 8-3。

回用水混凝沉淀的效果比较表 表8-3

序号	混凝剂最佳剂量	混合方式	去除率（%）	
			BOD_5	PO_4^{3-}
1	$FeCl_3$ 60~80 mg/L	机械搅拌	36~40	85~90
2	PAC 液体聚合铝 0.7 mg/L	机械搅拌	24~30	90~95

序号	混凝剂最佳剂量	混合方式	去除率（%）	
			BOD$_5$	PO$_4^{3-}$
3	PAC液体聚合铝0.7 mg/L与固体液体聚合铝80 mg/L混合	机械搅拌	34~38	95~99
4	硫酸铝120~130 mg/L	机械搅拌	50~55	90~95

从表8-3比较4种混凝剂对BOD$_5$与PO$_4^{3-}$的去除率，以硫酸铝最佳，液体聚合铝较差。综合比较制配难易程度、价格等因素。生产运行时使用硫酸铝，投加量120~130 mg/L。

4）消毒处理

液氯作为消毒剂，采用直接加氯法，比较滤前与滤后加氯消毒效果见表8-4。滤前、滤后的加氯量为12~14 mg/L，余氯量1 mg/L。对细菌的杀灭率可达100%，但滤前加氯比滤后加氯对BOD$_5$及PO$_4^{3-}$的去除率都高约一倍左右，故采用滤前加氯，见表8-4。

滤前、滤后加氯对BOD$_5$及PO$_4^{3-}$的去除效果比较表　　　　表8-4

加氯点	加氯量（mg/L）	BOD$_5$去除率（%）	PO$_4^{3-}$的去除率（%）	细菌检出率
滤前	12~14	59.6~70.3	83.1~85.3	0
滤后	12~14	31.8	49.2	0

5）过滤

采用双层滤料滤池，滤速6 m/h。

6）计量设备

三角流量堰与LD型流量计。

3. 射流曝气池出水、回用处理出水水质及用户的合同要求水质（表8-5）

射流曝气出水、回用处理出水及合同要求水质　　　　表8-5

序号	项　目	射流曝气出水水质	回用处理出水水质	合同要求水质指标
1	水温（℃）	26~7.4	9.2~24.6	9以上
2	pH	7.4~8.2	6.8~8.2	7
3	DO（mg/L）	1.5~2.4	2.0~5.5	0.2~2.0
4	色度	—	14.8~30	15~20
5	浊度（度）	3.4~2.24	2.8~6.7	10~15
6	SS（mg/L）	29.1~27.66	10.9~28.0	5~30
7	COD$_{Cr}$（mg/L）	113.6~34.52	34.4~57.4	75
8	BOD$_5$（mg/L）	20.08~12.32	5.0~6.2	10
9	硬度（以CaCO$_3$计）（mg/L）	261.1~217.08	140.2~355.3	300~400
10	NH$_3$-N（mg/L）	8.78~9.33	8.17~8.68	10
11	PO$_4^{3-}$（mg/L）	0.65~0.59	0.34~0.65	无要求

序号	项　目	射流曝气出水水质	回用处理出水水质	合同要求水质指标
12	SO_4^{2-}（mg/L）	47.2~12.7	85~195	250
13	氯离子（mg/L）	117.8~192.9	同左	20~300
14	Cd（μg/L）		0.17~0.3	< 10
15	Cu（μg/L）		17.5~38.5	< 10
16	Cr（μg/L）		0.126~0.4	< 10
17	Zn（μg/L）		0.52~1.75	100
18	Hg（μg/L）		0.017~0.109	1
19	Na（μg/L）		127~440	无要求

表 8-5 中，重金属离子镉、铜、铬、铅、汞、钠等均低于地表水最高允许浓度。

4. 各工艺构筑物的设计参数

图 8-1 所列工艺流程各构筑物的设计参数见表 8-6。

各构筑物的设计参数表　　　　　　　　表 8-6

序号	工艺构筑物名称		设计参数
1	预处理自然沉淀池		沉淀时间 1.5~1.82 h
2	二级处理射流曝气池		用单喷嘴双级射流器，曝气区曝气时间 3 h 沉淀区沉淀时间 50 min
3	回用水混凝沉淀池	机械混合时间	1.8 min
		涡流反应池	反应时间 5 min
		沉淀区	沉淀时间 50 min，表面负荷 1.9 m³/（m²·h）
4	消毒		滤前加氯，加氯量 12~14 mg/L，接触时间 45 min
5	双层滤池		滤速 6 m/h，反冲洗强度 10.3 L/（m²·s）

8.1.3　回用于工业洗涤的效果分析

1. 回用水水质与用户的合同要求

表 8-5 列出回用处理水水质各项指标，均满足用户的合同要求。

2. 回用于工业洗涤后对产品质量的影响

回用对象是海藻工业的原料洗涤。主要产品是海藻酸钠，产品质量获国家银质奖章，享有出口免检的荣誉。由于该市工业用自来水的供应量有一定限额，日供水量只能满足工艺需求量的 65%，曾由于自来水的使用量超标而被罚款，严重影响生产和生产的发展需求。采用回用水代替或补足自来水后，不但节省了自来水，还节省了水费开支。用回用水、自来水、井水作为洗涤水，对产品质量的鉴定见表 8-7。证明使用回用水后，对产品的质量没有影响。

海藻酸钠质量指标表 表8-7

海藻质量指标	国家标准	经回用水洗涤后	用自来水或井水洗涤后
pH值	6~7	6.6	6.55
水分（%）	≤15	12.75	11.94
合镉量（%）	≤0.3	0.24	0.21
水不溶物（%）	≤0.2	0.08	0.10
透明度（cm）	≥2.0	4.7	4.24

用户反馈意见：使用回用水洗涤后的海藻酸钠各项指标均符合国家标准，并可降低生产成本，提高职工福利。

8.1.4　回用于市政杂用水

表8-5所列回用水的水质各项指标，都满足城市杂用水水质标准（表8-8），可回用于冲厕、道路清扫、消防、城市绿化、车辆冲洗以及建筑施工等。

城市杂用水水质标准表 表8-8

序号	项目		冲厕	道路清扫消防	城市绿化	车辆冲洗	建筑施工
1	pH	≤			6.0~9.0		
2	色（度）	≤			30		
3	嗅	≤			无不快感		
4	浊度（NTU）	≤	5	10	10	5	20
5	DS（mg/L）	≤	1500	1500	1000	1000	—
6	BOD_5（mg/L）	≤	10	15	20	10	15
7	NH_3-N	≤	10	10	20	10	20
8	阴离子表面活性剂	≤	1.0	1.0	1.0	0.5	1.0
9	铁	≤	0.3	—	—	0.3	—
10	锰	≤	0.1	—	—	0.1	—
11	溶解氧	≥			1.0		
12	总余氯			接触30 min后≥1.0，管网末端≥0.2			
13	总大肠菌群（个/L）≤				3		

8.1.5　回用水的处理成本分析

1. 处理成本的组成

处理成本包括：电费 S_1、人工工资 S_2、工程折旧（包括大修）S_3、经常费（包括化验费、办公费与小修费）S_4、药剂费（包括消毒、混凝剂）S_5 以及未预见费 S_6 等，前5项属直接费，未预见费 S_6 以直接费的3%计。

2. 二级处理（射流曝气工艺）成本的分析

二级处理成本分析见表8-9。

二级处理成本（含完全混合型射流曝气） 表8-9

序号	成本组成	费用（元/年）（以当年的市场价计）
1	电费 S_1	12264
2	人工工资 S_2	5400
3	工程折旧费（含大修）S_3	1824
4	经常管理费(含办公费、化验费、小修)S_4	1948.8
5	未预见费 S_5	643.1
6	年运行费	22079.9

年制水量 173448 m^3，则二级处理成本为 0.127 元 /m^3。

3. 回用水制水成本分析

回用水制水成本分析见表8-10。

回用水制水总成本包括：电费 S_1、人工工资 S_2、药剂费（含氯气、混凝剂）S_3、工程折旧费（含大修）S_4、经常运行费（含办公费、化验费、小修）S_5 及未预见费 S_6 等 6 项。由于混凝剂的品种与价格不同，分别计算，计算结果见表8-10。

回用水制水总成本（包括二级处理费用）分析明细表 表8-10

序号	成本组成	全年运行费的百分比（%）	
		混凝剂用 FeCl$_3$ 时	混凝剂用液态 PAC 时
1	电费 S_1	69	60
2	人工工资 S_2	10.8	9.5
3	药剂费 S_3 加氯费 加混凝剂费	 1.1 11.6	 0.9 21.6
4	工程折旧费（含大修）S_4	1.3	1.1
5	经常运行管理费（含办公、化验、小修）S_5	3.2	4.0
6	未预见费（占直接费的3%）S_6	3.0	2.9
7	年运行费 $S=S_1+S_2+S_3+S_4+S_5+S_6$	100	100

8.2 回用于煤码头除尘

该市污水处理厂二级出水经回用处理后，作为煤码头除尘用水。

8.2.1 回用处理工艺流程的选择

1. 射流曝气出水水质与煤码头除尘对水质的要求

射流曝气出水水质及回用处理后的水质。

混凝剂的选择采用 3 个方案进行对比实验：第一方案只用高分子无机混凝剂 PAC，第二、三方案都是 PAC+ 助凝剂，对比实验的结果见表8-11。

射流曝气系统出水、回用处理后的水质对比 表8-11

指标	方案								
	一			二			三		
	射流曝气系统出水水质	回用水水质	去除率（%）	射流曝气系统出水水质	回用水水质	去除率（%）	射流曝气系统出水水质	回用水水质	去除率（%）
BOD_5 (mg/L)	11.63	3.16	72.8	10.57	1.61	84.8	10.93	3.21	70.6
COD (mg/L)	54.79	35.71	34.8	41.29	27.45	33.5	43.05	21.77	49.4
SS(mg/L)	30.07	10.65	64.6	29.42	9.43	67.9	20.90	8.10	61.3
TS(mg/L)	800.67	790.40	1.3	622.56	610.0	1.9	635.50	587.45	7.6
浊度（NTU）	11.51	1.20	89.6	9.78	0	100	6.67	0	100
色度（度）	24.4~26.3	15	43.0	24.4	13.8	43.4	26.3	17.0	35.2
总碱度 (mg/L)	182	166	9.1	161	150	6.9	160	158	0.9
总硬度 (mg/L)	218	225	-3.4	188	194	-3.2	191	195	-2.4
PO_4^{3-}(mg/L)	0.56	0.008	98.9	0.29	0.040	86.2	0.25	0.005	99.0
S^{2-}(mg/L)	0.60	0	100	0.51	0.032	93.7	0.097	0.053	44.8
Cl^-(mg/L)	251.89	269.39	-6.9	174.60	174.63	0	176.45	176.68	0
As(mg/L)	0.021	0	100	0.024	0.019	20.8	0.042	0.016	61.9
$C^{6+}r$	0.037	0.012	67.6	0.032	0.007	76.9	0.032	0.007	78.1
挥发酚 (mg/L)	—	—	—	0			0	0	—
油 (mg/L)	0.44	0.37	-65.9	0.48	0.69	-31.3	0.49	0.61	-24.5
NH_3-N	11.57	10.82	6.5	8.01	8.22	-2.6	9.40	7.90	16.0
NO_3(mg/L)	0.030	0.73	—	0.074	0.55	—	0.21	0.90	—
NO_2(mg/L)	0.025	0.040	—	0.13	0.11	—	0.14	0.088	—
水温（℃）	26.5	30.2	—	24.5	25.5	—	24.6	26.3	—
pH	7.50	7.22	—	7.43	7.54	—	7.48	7.45	—
CN^-(mg/L)	0	0	—	0			0	0	—
Cu^{2+}(mg/L)	< 0.1	< 0.1	—	< 0.1			< 0.1		

《港口煤炭作业除尘用水水质标准》JT/T 2015-90[①]，见表8-12。

港口煤炭作业除尘和防火用水的水质要求表 表8-12

序号	项目	指标要求
1	水温	< 35℃
2	色度	< 25度
3	臭	臭强度二级
4	肉眼可见物	不得含有

---

① 该标准已于 2005 年作废，试验时间是 20 世纪 90 年代，故仍采用此标准。

序号	项目	指标要求
5	pH	6.5~8.5
6	总固体	＜1500 mg/L
7	氯化物（以Cl⁻计）	＜300 mg/L
8	硫化物（以S⁻计）	＜1 mg/L
9	大肠菌群	＜3万个/L

比较表 8-12 与表 8-11 的相应指标，回用处理主要选择混凝沉淀与消毒处理，即可满足除尘用水的水质标准。

2. 回用处理工艺流程选择

回用处理工艺流程如图 8-2 所示，即在图 7-1 的二沉池后，增加混凝沉淀池与消毒处理。

预处理 → 射流曝气系统 → 混凝反应 → 沉淀 → 消毒 → 计量 → 回用工业

图 8-2　回用水的处理工艺流程

8.2.2　混凝沉淀与消毒处理

1. 混凝剂的选择

比较表 8-11 的实验结果，单纯加 PAC 的混凝效果与其他两方案的效果，相差无几，故选用单纯投加 PAC 作为混凝剂，投加量 38~42 mg/L。

2. 消毒处理

采用液氯消毒，投加量 12~34 mg/L，余氯为 1.0~2.0 mg/L，大肠菌与细菌均未检出，可安全使用于煤炭码头的除尘。

8.3　利用大口径污水管道处理污水

城市污水管道，特别是干管造价高，拥有巨大的容积，只起输送污水作用，考虑利用污水管道的巨大容积处理污水，以降低污水处理厂的有机物负荷及造价。

8.3.1　可行性与可能性

污水生化处理的必要条件是供氧、搅拌、保持有足够浓度的活性污泥与水力停留时间。

（1）利用射流曝气器的供氧、搅拌及其生化功能。射流曝气器可通过窨井水平安装于污水干管中，满足生化处理的供氧与搅拌所需。

（2）利用沿污水管道方向水平安装的生物绳。沿管道内水平安装生物绳，由于污水干管内连续流动的污水、无法保留活性污泥，故采用生物绳拉紧固定安装于管道内，繁殖培养足够的微生物生物膜，成为类似卧式生物接触滤池完成生物化学处理。

（3）安装射流曝气器与沿管道方向拉紧安装的生物绳，不妨碍污水管道的畅通，射流器射流方向与污水管道的水流方向一致，并兼有冲刷沉泥的作用。

满足上述 3 个条件后，在污水管道内处理污水成为可行与可能。

8.3.2　大口径污水管道处理污水的计算与设计

1. 处理工艺计算

大口径管道处理污水选择在某市的污水干管，该市的排水体制属半分流体系，钢筋混凝土管，管径为 1200 mm，充满度 0.75，流量 60 m³/d，取两个窨井之间的管段作为处理污水生化处理的实验管段，长度为 70 m，总容积 106 m³，停留时间 25.2 min。

工艺设计遵循如下两条原则：①所挂生物绳不影响水流畅通，由于生物绳具有较大比表面积达 250 m²/m，COD 负荷量为 8 g/(m·d)，折算成 BOD₅ 为 3.84 gBOD₅/(m·d)；②生物绳表面培养生物膜，含有足够的活性生物量取代活性污泥，起生物化学降解有机污染物的作用，老化后的生物膜能及时脱落更新并随水流排出。

1）所需生物绳挂量计算

由于属半分流体系，污水的 COD 浓度不高，仅为 11.2~77.1 mg/L，设计时取 COD 浓度为 150 mg/L，折合成 BOD₅ 为 150×0.48=72 mg/L，设计污水量 Q 为 60 m³/d。

所需生物绳长度按下式计算：

$$l = \frac{Q(S_a - S_e)r}{q} \tag{8-1}$$

式中　l——生物绳长度，m；

　　　Q——设计污水量，m³/d；

　　　S_a——设计污水 BOD₅ 浓度，以 100 mg/L 计；

　　　S_e——处理水 BOD₅ 浓度，mg/L；

　　　r——生物绳负担的 BOD₅ 去除量；

　　　q——生物绳 BOD₅ 负荷率为 3.84 g/(m·d)。

设计流量 Q=60 m³/d，S_a=100 mg/L，S_e=10 mg/L，q=3.84 g/(m·d)=0.00384 kg/(m·d)，把已知值代入式（8-1），计算得生物绳长度为：

$$l = \frac{60 \times (100 - 10)}{1000 \times 0.00384} = 1406.25 \text{m}$$

受现场条件所限，实际挂量长度采用 1360 m。

2）需氧量的计算

需氧量的计算公式：

$$O_2 = a(S_a - S_e) + b\rho \tag{8-2}$$

式中　O_2——需氧量，kg/d；

　　　a——微生物分解氧化 1kgBOD₅ 所需氧量，取 1.46 kg/kg；

　　　S_a——污水设计 BOD₅ 浓度，mg/L；

　　　S_e——出水 BOD₅ 浓度，mg/L，取 10 mg/L；

　　　b——生物绳所挂生物膜的需氧量，可取 0.18kg/kg；

　　　ρ——单位长度生物绳附着的活性生物膜量，取生物膜平均厚度为 0.2 mm，生物膜密度 ρ=1 kg/m³，则 $\rho = \frac{0.2}{1000} \times 250 \times 1 = 0.05$kg/m。

将已知值代入式（8-2），

$$O_2 = \frac{1.46 \times 90}{1000} + 0.18 \times 0.05 \times 1360 = 12.4 \, kg/d$$

3）供氧量的计算

选用 MFSJ-25 型射流器，工作液流量 Q 为 25 m³/h，工作压力 H 为 12~15 m，实测吸气比 1.57，潜水泵功率为 2.2 kW，空气密度以 1.293 kg/m³，含氧量以 21% 计，射流曝气氧的利用率取 25%，则供氧量为：

吸入空气量为 25 × 1.57=39.25 m³/h

含氧量为 39.25 × 0.21=8.24 kg/h

氧的利用率 25%，可供利用的氧量为：

8.24 × 0.25=2.06 kg/h=49.44 kg/d ＞ 12.4 kg/d

供氧量与需氧量，满足使用条件。

由于采用射流曝气器供氧与搅拌，有助于推动水流，并促进老化生物膜的剥离与更新。

2. 工艺设计图

利用污水干管处理污水的工艺设计如图 8-3 所示。

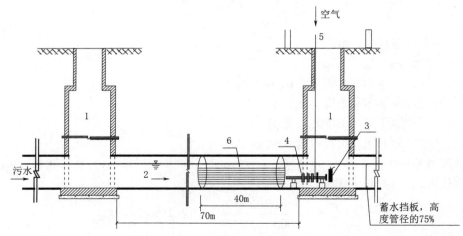

图 8-3　大口径污水管处理污水的工艺图

1—窨井；2—污水干管；3—潜水泵；

4—射流器；5—吸气管；6—生物绳

潜水泵安装于窨井内，射流器水平安装伸入生物绳中，生物绳长 1360 m，每段长 40 m，共 34 条，两端均匀地固定在直径为 1200 mm 钢环上，两钢环拉紧生物绳并固定在污水管上。

8.3.3　处理效果分析

1. 处理效果

连续运行 4 个月，分析指标包括：水温（水温变化幅度为 20~31℃），pH 值（变化范围为 7.02~8.1）、浊度、色度、COD_{cr}、TP、TN、NH_3-N、NO_2^-、NO_3^- 和 DO 等 11 项，每项取得 117 个有效分析数据，汇总列于表 8-13。

4个月运行水质分析数据汇总表　　　　　　　　　　　　　表8-13

浊度（NTU）		色度（度）		COD$_{cr}$（mg/L）		TP（mg/L）		TN（mg/L）		NH$_3$-N（mg/L）		DO（mg/L）	
原水	出水	原水	出水	原水	出水	原水	出水	原水	出水	原水	出水	原水	出水
63.0~ 9.1	55.1~ 6.2	90.0~ 22.0	62.0~ 5.0	77.1~ 11.2	66.5~ 10.1	0.93~ 0.16	0.82~ 0.01	14.2~ 3.8	11.4~ 2.13	8.9~ 1.0	8.5~ 0.96	3~6	6~7

2. 处理效果分析

1）COD 的处理效果：

由于污水的 COD 浓度较低，低于 30 mg/L 的时间占总数的 19%，最高浓度为 77.1 mg/L，运行期间，COD 去除率超过 31% 的，占总数的 51.3%，去除率达到 45.4%~74.6% 的占总数的 12.5%，说明利用大口径污水管水平安装射流曝气器供氧与搅拌，悬挂生物绳培养活性生物膜代替活性污泥，对处理有机污染物是有效的。

2）污水 TN 浓度的 2.3~12.5 mg/L，平均浓度为 7.7 mg/L，出水 TN 浓度的 2.2~10.3 mg/L，平均去除率仅为 3.8%，说明对 TN 的去除率很低，主要原因为：

（1）停留时间太短（约 25 min），含氮有机物氨化时间不足；

（2）污水溶解氧始终处于 3~5 mg/L，不存在兼氧硝化的时间段，无厌氧脱氮的功能；

（3）TN 的微量降低，主要用在微生物的合成所需。

3）污水 TP 浓度为 0.3~0.8 mg/L，平均 0.49 mg/L，出水 TP 浓度为 0.2~0.77 mg/L，平均 0.46 mg/L，去除率极低。

主要原因：

（1）由于没有活性污泥，只有生物膜，对磷的微量吸附只是满足微生物自身合成所需；

（2）没有二次沉淀池。

3. 改进措施

根据上述分析，在已取得的初步成果与存在问题的基础上，对利用污水干管处理污水，将作进一步的改进：

（1）选择分流制城市排水体制，污水的浓度达到一般城市污水的浓度，即 COD 达到 150 mg/L，BOD 达到 100 mg/L 左右；

（2）延长挂膜段长度，即好氧段长度，使其与污水的接触时间达到 3 h 以上，满足含碳有机物的碳化与含氮有机物的氨化反应过程；

（3）射流器水平安装，射流方向与管道水流方向一致，有助于水流畅通；

（4）增设兼氧段与厌氧段，完全硝化反应与反硝化反应过程，提高脱氮效果并进一步提高 BOD 的去除率。

8.4　射流曝气器除铁除锰

8.4.1　集中给水水源的水质标准

某给水厂的制水规模为 2.5 万 m³/d，水源水质优良，符合《地表水环境质量标准》（GB 3838—2002），采用常规给水处理工艺流程。自来水水质符合我国《生活饮用水卫生标准》

（GB 5749—2006）的规定。唯在台风、暴雨季节，受山洪冲击，水源水在短时期内，铁、锰会超过上述标准，水源水含铁浓度可达 1.873~1.773 mg/L，含锰浓度 0.370 mg/L 左右。

8.4.2 水源水除铁除锰与射流曝气器的氧化功能

1. 地表水除铁除锰方案

铁、锰元素往往同时出现于天然水体中，饮用水的铁、锰含量如果超标，会对人体产生不良影响。

铁、锰主要形式是溶解度大的二价铁离子 Fe^{2+} 与二价锰离子 Mn^{2+}。

1）常用的除铁方法

（1）锰砂过滤法

采用天然锰砂作为滤料的滤池可除铁。天然锰砂呈黑色，二氧化锰的含量在 40%~50%，粒径 0.6~2.0 mm，磨损率小于 0.54%，破碎率小于 0.23%，密度大于 1.8 g/cm³，孔隙率大于 50%。也可用石英砂、砂砾石作为滤料与承托层。石英砂的粒径为 0.5~1.2 mm，二氧化硅含量大于 98.5%，盐酸可溶率小于 1.5%，含泥量小于 0.04%，密度大于 2.55 g/cm³，磨损率小于 0.4%，孔隙率大于 43%，破碎率小于 0.8%。

（2）化学除铁法

二价铁离子 Fe^{2+}，在中性条件即 pH 值为 6~9 条件下，投加氧化剂，绝大多数甚至全部可被氧化为三价铁 Fe^{3+} 而水解沉淀去除，反应式如下：

$$12Fe^{2+} + 3O_2 + 6H_2O \rightarrow 8Fe^{3+} + 4Fe(OH)_3 \downarrow \qquad (8-3)$$

氧化剂可用过氧化氢、高锰酸钾、氯气、曝气充氧等。

（3）一次曝气氧化除铁法

在溶解性二价铁离子 Fe^{2+} 浓度不高时，如低于 5 mg/L 的条件下，可采用一次曝气沉淀去除。

2）常用的除锰方法

（1）碱化除锰法

在中性条件下，二价锰的氧化比二价铁的氧化困难得多。故投加石灰，NaOH 等碱性物质，使水体 pH 升高至 9 以上，二价锰可被水体中的溶解氧氧化成四价锰 MnO_2 沉淀去除。

（2）强氧化剂除锰法

采用的氧化剂与除铁相同。

（3）锰砂过滤法

原水经曝气充氧后，进入锰砂滤池或石英砂滤池过滤，二价锰可被锰砂吸附并氧化去除，锰砂滤料同上。

（4）生物除锰法。

2. 利用射流曝气器的氧化功能除铁除锰法

本书第 3 章与第 4 章叙述了射流曝气器内，液、气两相进行激烈的能量交换，形成混合激波乳化空气，气泡直径小于等于 100 μm，可直接氧化二价铁与二价锰。此法已被应用于海南省某水厂，取得良好的除铁除锰的效果。

经射流曝气器氧化后的三价铁与四价锰，在该厂的石英砂滤池内过滤去除，使自来水各项水质指标全部达标。

利用射流曝气器氧化铁、锰的工艺如图 8-4 所示。

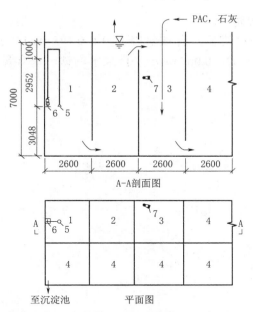

图 8-4　射流曝气器除铁除锰工艺安装图（图中单位为 mm）

1—射流曝气器出水混合区；2—气水分离区；3—混凝剂投加混合区；4—反应区（共9格）；

5—射流曝气器 MFSJ-100 型；6—潜水泵（N=7.5 kW）；7—水下搅拌机（N=0.75 kW）

图中 1 为安装射流曝气器的混合区，有效容积为 2.6 m×2.6 m×7 m=47.3 m³，混合时间 2.7 min，射流曝气器型号为 MFSJ-100 型，配潜水泵功率为 7.5 kW，吸气量为 100×1.2=120 m³/h，空气中含氧量为 21%，所以供氧量为 120×0.21=25.2 m³/h。吸气量的多少可用吸气管上的电磁阀门调节。

图中 2 为气水分离区，释放掉剩余微气泡，图中 3 为投加混凝剂与助凝剂的混合区，采用水下搅拌混合，功率 N 为 0.75 kW，搅拌混合时间是 2.7 min。图中 4 为反应区，共 9 格，反应时间共 18 min，反应后直接进入沉淀池沉淀，再经石英砂滤池过滤。

射流曝气器只是在水源水铁、锰超标时启用，以保证自来水水质始终符合国家饮用水标准，应用灵活、方便，投资省，不需投加除铁除锰药剂与除铁除锰的处理构筑物。

射流曝气器氧化除铁除锰的效果见表 8-14。

射流曝气器充氧氧化除铁、锰效果摘录表　　　　　　　　　　　　表 8-14

日期	铁（mg/L）		锰（mg/L）		溶解氧（mg/L）		饮用水水质标准	
	水源水	射流器出水经过滤后的浓度	水源水	射流器出水经过滤后	水源水	射流器出水	铁（mg/L）	锰（mg/L）
2018年9月6日	1.873	0.195	0.063*	0.05	6.0	8.9*	<0.3	<0.1
2018年9月7日	1.794	0.12	0.066*	0.027	6.7	9.2*		
2018年9月8日	1.773	0.10	0.370	0.063	7.1	9.4*		

* 已符合《生活饮用水卫生标准》GB5749—2006。

3. 除铁除锰的结果分析

射流曝气器氧化并过滤后，含铁量降至 0.1~0.195 mg/L，原水锰含量经射流曝气器氧化、过滤后，降至 0.027~0.063 mg/L，自来水的铁、锰含量均符合国家饮用水水质标准。

第9章 射流曝气器用于厌氧生物处理

9.1 厌氧生物处理

9.1.1 厌氧生物处理

1.厌氧生物处理技术发展简述

厌氧生物处理原来是用于处理污泥，继而用于处理高浓度有机污水。厌氧生物处理法的主要缺点是水力停留时间长，如污泥的中温消化，一般需 20~30 d。消化池的容积大，建设费用和运行管理费用高，限制了厌氧生物处理法的推广应用。

20 世纪 60 年代以来，能源趋紧，厌氧技术日益受到重视，并开发了一系列高效厌氧生物处理反应器。至今，厌氧生物处理技术不仅用于处理污泥、高浓度有机污水，还有效地用于处理低浓度污水。厌氧反应器不仅能在控温（中温或高温）条件下运行，也能在常温条件下运行。与好氧生物处理技术相比较，厌氧生物处理技术具有一系列明显的优点。

2.厌氧生物处理的优点

厌氧生物处理法与好氧生物处理法比较，具有下列优点：

（1）有机物负荷高。容积负荷：好氧法约为 0.7~1.2 kgCOD/（$m^3 \cdot d$）或 0.4~1.0 kgBOD/（$m^3 \cdot d$），厌氧法为 10~60 kgCOD/（$m^3 \cdot d$）或 7~45 kgBOD/（$m^3 \cdot d$）。污泥负荷：好氧法为 0.1~0.25 kgCOD/（kgVSS · d）或 0.05~0.15 kgBOD/（kgVSS · d），厌氧法为 0.5~1.5 kg-COD/（kgVSS · d）或 0.3~1.2 kgBOD/（kgVSS · d）。

（2）污泥产率低。污泥产率：好氧法约为 0.3~0.45 kgVSS/（kgCOD）或 0.4~0.5 kgVSS/(kgBOD)，厌氧法约为 0.04~0.15 kgVSS/（kgCOD）或 0.07~0.25 kgVSS/（kgBOD）。污泥产率低，可省处理污泥的费用。

（3）可产生生物能。高浓度有机污水或污泥经厌氧法处理可产生生物能即沼气，去除每公斤 COD 约可产生 0.35 m^3 的沼气，其热值为 21~23 MJ/m^3。

（4）能耗低，厌氧法不需要供氧设备。好氧法混合液溶解氧浓度需保持在 0.5~3 mg/L 时，比能耗为 0.7~1.3 kW · h/(kgCOD) 或 1.2~2.5 kW · h/(kgBOD)；厌氧法酸性发酵时混合液溶解氧浓度一般为 0~0.5 mg/L，甲烷发酵时溶解氧浓度为零。

（5）营养物需要量少。好氧法需要量为 COD：N：P=100：3：0.5 或 BOD：N：P=100：5：1，厌氧法需要量为 COD：N：P=100：1：0.1 或 BOD：N：P=100：2：0.3，一般不必投加营养成分。

（6）应用范围广。好氧法适用于低浓度有机污水，当处理高浓度有机污水时需先稀释后再处理；而厌氧法处理高浓度有机污水时，不必稀释，也可处理低浓度有机污水。好氧微生物难降解的有机物，厌氧微生物可以降解。

（7）对水温的适宜范围广。好氧生物处理的适宜水温在 20~30℃时效果最好，35℃以上或 10℃以下净化效果降低。厌氧生物处理根据产甲烷菌的最宜生存条件可分为 3 类：常温菌生长温度范围 10~30℃，最宜 20℃。中温菌范围为 30~40℃，最宜 33~35℃；高温菌为 50~65℃，最宜为 53~55℃。尽管产甲烷菌分为 3 类，但大多数产甲烷菌的最适温度在中温范围。厌氧生物处理也可在常温下进行。

3. 厌氧生物处理法的缺点

（1）厌氧处理设备启动时间较长。因为厌氧微生物增殖缓慢，启动时需经接种、培养、驯化达到设计污泥浓度的时间比好氧生物长。

（2）处理程度可达到农田灌溉的水质标准，如需达到一级 A 排放标准，还需后续好氧处理。

（3）不能除磷。因为在厌氧条件下，微生物是释放 PO_4^{3-} 的，若需除磷，还须采用好氧法或混凝沉淀法除磷。

（4）常规厌氧处理无硝化功能。

4. 厌氧生物处理技术的应用

厌氧生物处理技术已成功应用于处理酒精蒸馏工业、饮料工业、啤酒工业、造纸工业、化工工业、奶酪及奶制品工业、鱼类加工工业、水果及蔬菜加工工业、制药工业、养殖屠宰及肉类加工工业、制糖工业、小麦与谷物加工等工业污水，以及垃圾填埋场渗滤液。

9.1.2 厌氧活性污泥反应器与厌氧生物膜反应器

1. 厌氧活性污泥反应器

1）传统厌氧活性污泥反应器

1956 年 Schroefer 等人开发的厌氧接触法，是在普通污泥消化池的基础上改造成的传统厌氧反应器，流程如图 9-1 所示。

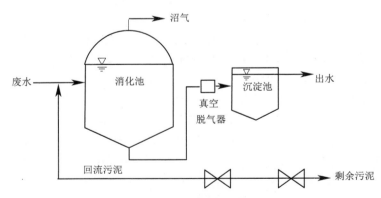

图 9-1　厌氧接触法工艺流程

厌氧接触反应器的主要特征是在厌氧反应器后设沉淀池或气浮池，并回流污泥，使厌氧反应器内维持较高的污泥浓度，降低水力停留时间。厌氧接触法适用于处理含悬浮固体浓度较高的污水。

2）升流式厌氧污泥床反应器（又称 UASB 反应器）

（1）UASB 的工艺结构

1974 年荷兰瓦格宁根：农业大学的 Lettinga 等人开发出升流式厌氧污泥床 (Upflow

Anaerobic Sludge Blanket，UASB) 反应器。反应器构造特点是集生物反应与沉淀于一体，结构紧凑，如图 9-2 所示。

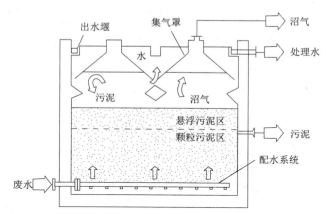

图 9-2　升流式厌氧污泥床反应器（UASB）

UASB 反应器由下列几部分组成：

①进水配水系统，使污水均匀地分配到反应器整个断面，均匀上升，并起搅拌的作用。

②颗粒污泥和悬浮污泥区。具有良好凝聚和沉淀性能的污泥在池底部形成颗粒污泥层。污水从厌氧污泥床底部流入，与颗粒污泥层中的污泥进行混合接触，分解有机物，产生的微小沼气气泡不断地放出，在上升过程中聚合成较大的气泡，并夹带较小的污泥絮体上升至颗粒污泥层上部，形成污泥浓度较低的悬浮污泥层。

③三相分离器，由沉淀区、澄清水上升缝和集气罩组成。将气体（沼气）、固体（污泥）和液体（澄清水）三相分离。沼气进入集气罩后由沼气管引出，澄清水经出水堰排出，污泥沉淀至悬浮污泥层。

④排泥系统。

（2）UASB 的特点：

①颗粒污泥区中，污泥浓度可达 40~80 gVSS/L。悬浮污泥层中，污泥浓度约为 10~30 gVSS/L，整个反应区污泥的平均浓度约为 20~40 gVSS/L。

②容积负荷率高，中温发酵条件下，可达 10 kgCOD/(m^3 · d) 左右，甚至高达 15~40 kgCOD/(m^3 · d)。水力停留时间较短，故池容可减小。

③不需要设沉淀池和污泥回流装置，不需要填充料和机械搅拌设备，便于管理，不堵塞。

（3）UASB 的设计要点：

①容积负荷。可参考表 9-1。

UASB 运行容积负荷　　　　　　　　　　　　　　　　　表 9-1

反应温度 （℃）	容积负荷 [kgCOD/（m^3·d）]		
	VFA 污水 [*]	非 VFA 污水	SS 占 COD 总量 30% 的污水
15	2~4	1.5~3	1.5~2
20	4~6	2~4	2~3

续表

反应温度 (℃)	容积负荷 [kgCOD/（m³·d）]		
	VFA 污水*	非 VFA 污水	SS 占 COD 总量 30% 的污水
25	6~12	4~8	3~6
30	10~18	8~12	6~9
35	15~24	12~18	9~14
40	20~32	15~24	14~18

*VFA 挥发性脂肪酸。

国内外生产性 UASB 反应器的设计负荷经验数据列于表 9-2。

国内外生产性 UASB 反应器的设计负荷经验表　　　　　表 9-2

序号	污水类型	国外				国内			
		负荷 [kgCOD/（m³·d）]			统计厂家数	负荷 [kgCOD/（m³·d）]			统计厂家数
		平均	最高	最低		平均	最高	最低	
1	酒精生产	11.6	15.7	7.1	7	6.5	20.0	2.0	15
2	啤酒厂	9.8	18.8	5.6	80	5.3	8.0	5.0	10
3	淀粉	9.2	11.4	6.4	6	5.4	8.0	2.7	2
4	酵母业	8.4	12.4	6.0	16	6.0	6.0	6.0	1
5	柠檬酸生产	8.4	14.3	1.0	3	14.8	20.0	6.5	3
6	味精					3.2	4.0	2.3	2
7	造纸	12.7	38.9	6.0	39				
8	果品加工	10.2	15.7	3.7	13				
9	蔬菜加工	12.1	20.0	9.2	4				
10	大豆加工	11.7	15.4	9.4	4				
11	食品加工	9.1	13.3	0.8	10	3.5	4.0	3.0	2
12	屠宰场	6.2	6.2	6.2	1	3.1	4.0	2.3	4
13	乳品厂	9.4	15.0	4.8	9				
14	制糖	15.2	22.5	8.2	12				
15	制药厂	10.9	33.2	6.3	11	5.0	8.0	0.8	5
16	家畜饲料厂	10.5	10.5	10.5	1				
17	垃圾滤料	9.9	12.0	7.9	7				
18	热解污泥上清液	15.0	15.1	15.0	2				
19	城市污水	2.5	3.0	2.0	2				
20	其他	8.8	15.2	5.6	7	6.5	6.5	6.5	1

②水力停留时间：处理低浓度有机废水（COD 浓度在 1000~2000 mg/L）不加热时，反应器的容积根据水力停留时间确定。最小水力停留时间可参考表 9-3。

水力停留时间参考值　　　　　　　　　　　　　　表9-3

温度 （℃）	水力停留时间（h）		容积负荷 [kgCOD/（m³·d）]
	平均	峰值（2~6 h）	平均
16~19	4~6	3~4	2~4
22~26	3~4	2~3	4~5
26以上	2~3	1.5~2	6~8

注：反应器最高高度为 8 m。

③沉淀区表面水力负荷：对主要含溶解性有机物的污水，沉淀区表面水力负荷采用 3 m³/(m²·d) 以下。对含悬浮物较多的有机污水，表面水力负荷采用 1~1.5 m³/（m²·d）。

④配水系统的喷嘴服务面积 2~5 m²/个，低负荷 0.5~2 m²/个。

⑤三相分离器：三相分离器的构造有多种形式，图 9-3 为三相分离器的一种形式，通过沉淀槽底缝隙的流速不大于 2 m/h，沉淀槽斜底与水平面的交角不应小于 50°。

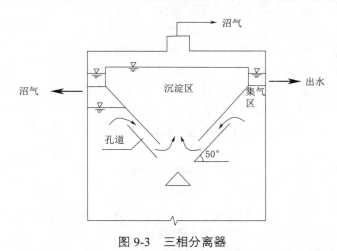

图 9-3　三相分离器

⑥反应器高度与反应区上升流速。处理低浓度有机污水（COD < 1000 mg/L）时反应器的高度可采用 3~5 m，中等浓度（COD 在 2000~3000 mg/L）有机污水采用 5~7 m，最大不超过 10 m。

反应器的高度与水力停留时间及上升流速相关。絮状污泥 UASB 反应器的反应区，液体上升流速一般不超过 0.5 m/h。颗粒污泥 UASB 反应器的上升流速一般为 0.5~1.0 m/h，短时峰值流量时可达 2~3 m/h。

⑦回流循环流量。升流式厌氧污泥床进水 COD 浓度超过 10000~15000 mg/L，需进行回流以降低进水 COD 浓度至 6000 mg/L 以下。

⑧进水悬浮物最高允许浓度为 6000~8000 mg/L，超过此值时处理效果明显恶化。

3）厌氧膨胀颗粒污泥床反应器

厌氧膨胀颗粒污泥床（Expended Granular Sludge Bed，EGSB）反应器是对 UASB 反应器改良而成。EGSB 反应器与 UASB 反应器的不同之处主要在运行方式不同，上升速度高达 2.5~6.0 m/h，远大于 UASB 反应器的 0.5~2.5 m/h。因此 EGSB 反应器颗粒污泥处于膨胀状态，污水与颗粒污泥接触更充分、传质速率高、水力停留时间短、处理效率提高。EGSB可处理高浓度工业有机污水，也适合于处理低温（低于15℃）和低浓度（COD < 1000 mg/L）以及难降解的有生物毒性的污水。已用于处理食品、化工和制药工业污水。

（1）厌氧膨胀颗粒污泥床的工作原理：

当有机污水及产生的沼气由下而上通过颗粒污泥床层时，颗粒污泥与液体之间会形成相对流动。污水上升流速较低时，反应器中的颗粒污泥保持相对静止，属于固定床阶段；随着上升流速的提高，床层开始膨胀；当上升流速达到临界流化速度时，颗粒污泥呈悬浮状态。

膨胀率为10%~30%时，一方面可保证污水与颗粒污泥充分接触，加速生物降解，并将床层底部的污泥推向整个床层，减轻底部负荷，增加反应器的抗冲击负荷能力。

（2）厌氧膨胀颗粒污泥床的构造：

厌氧膨胀颗粒污泥床的构造如图9-4所示，床体为细高型柱体，高径比一般为3~5。反应器由筒体、进水系统、三相分离器、出水循环系统等部分组成。污水由底部经配水系统进入反应器，向上流经膨胀的活性污泥层，使污水中的有机物与颗粒污泥充分接触，被分解为甲烷和 CO_2。处理后的混合液通过污泥层上方的三相分离器，进行固、液、气三相分离。沉淀的颗粒污泥返回污泥层，沼气经集气室收集排出。处理水由出水渠排出，其中一部分处理水回流至EGSB反应器底部。

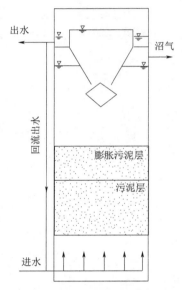

图9-4 厌氧膨胀颗粒污泥床构造图

EGSB反应器在结构上与UASB反应器的主要不同是：EGSB有循环回流水，与原水一起从底部进入反应器。回流的作用：①提高反应器内混合液的上升流速，使颗粒污泥床膨胀，使污水与污泥充分接触，强化传质作用；②提高配水孔口的流速，使系统配水更加均匀；③当容积负荷过高时，起稀释原水的作用，提高对有毒物质的承受能力。

由于EGSB反应器的上升流速比UASB流速快，故必须对三相分离器进行改进。改进的方法有：①增加一个可以旋转的叶片，在三相分离器底部形成一股向下水流，辅助污泥沉淀；②采用筛鼓或细格栅截留细小颗粒污泥；③设置搅拌器，使气泡与颗粒污泥分离；④在出水堰处设置挡板，以截留颗粒污泥。

（3）厌氧膨胀颗粒污泥床的工艺特点：

①处理低温、低浓度污水时，用处理水回流，提高容积负荷，保证去除效果。例如处理挥发性有机酸（VFA）污水的实验研究中达到同样的去除率，当10℃时，UASB负荷为1~2 kgCOD/（$m^3 \cdot d$），EGSB为4~8 kgCOD/（$m^3 \cdot d$）；15℃时，UASB为2~4 kgCOD/（$m^3 \cdot d$），EGSB为6~10 kgCOD/（$m^3 \cdot d$）。对于高浓度有机污水或有毒污水，采用回流能够稀释进水，可降低有毒物质对微生物降解的抑制作用。

②UASB反应器中混合液的上升流速一般为0.5~2.5 m/h，颗粒污泥床属于固定床。

而 EGSB 的上升流速为 2.5~6 m/h，最高可达 15 m/h，整个颗粒污泥床呈膨胀状态。从而促进了进水与颗粒污泥的接触，提高传质速率，保证了反应器在较高容积负荷下的处理能力。

③反应器为细高型塔式结构，可采用较大的高径比，减少占地面积。

④对布水系统的要求不高。由于液体上升流速快，混合液的搅拌程度激烈，颗粒污泥层呈膨胀状态，有效地解决了短流、死角、堵塞等问题。但易发生颗粒污泥流失的现象，因此对三相分离器的要求更加严格。

（4）厌氧膨胀颗粒污泥床的工程应用：

目前，EGSB 反应器已成功应用于处理生活污水及食品、医药、化工等工业污水处理。表 9-4 列出 EGSB 的应用实例。表 9-5 列出 UASB 和 EGSB 处理啤酒和饮料污水的设计参数。

EGSB 应用实例   表 9-4

处理污水	温度（℃）	反应器容积（L）	进水 COD（mg/L）	HRT（h）	COD 容积负荷率 [kgCOD/(m^3·d)]	COD 去除率（%）
长链脂肪酸污水	30±1	3.95	600~2700	2	30	83~91
甲醛和甲醇污水	30	275000	40000	1.8	6~12	>98
低浓度酒精污水	30±2	2.5	100~200	0.09~2.1	4.7~39.2	83~98
酒精污水	30	2.18~13.8	300~700	0.5~2.1	6.4~32.4	56~94
啤酒污水	15~20	225.5	666~886	1.5~2.4	9~10.1	70~91
低温麦芽糖污水	13~20	225.5	282~1436	1.5~2.1	4.4~14.6	56~72
蔗糖和 VFA	8	8.6	350~1100	4	5.1~6.7	90~97

UASB 和 EGSB 处理啤酒和软饮料污水的设计参数（温度20℃）   表 9-5

系统	上升流速（m/h）	COD 去除率（%）	容积负荷 [kgCOD/(m^3·d)]
絮状污泥 UASB	0.25~0.5	85~90	5
颗粒污泥 UASB	0.5~1.0	80~85	8~10
EGSB 反应器	6~10	>80	>15

4）内循环厌氧反应器（IC）

内循环厌氧反应器（Internal Circulation，IC），是在 UASB 基础上改造的第三代高效厌氧反应器。传统的 UASB 反应器对进水的容积负荷率有一定的限制，当进水 COD 浓度为 1.5~2.0 kg/L 时，容积负荷率一般限制在 5~8 kgCOD/(m^3·d)；在处理 5~10 gCOD/L 的高浓度污水时，容积负荷率一般限制在 12~20 kgCOD/(m^3·d)。而内循环反应器，在处理中低浓度污水时容积负荷率可达 20~24 kgCOD/(m^3·d)，处理高浓度有机污水时的容积负荷可达 35~50 kgCOD/(m^3·d)。

（1）内循环厌氧反应器的基本构造及工作原理：

IC 反应器．构造上的特点是细高型，高径比一般为 4~8。如图 9-5 所示。IC 反应器可以看作两个 UASB 系统的叠加串联。上一个 UASB 反应器产生的沼气作为提升内动力，使升流管与回流管之间产生密度差，促进下部混合液内循环，强化处理效果；下一个 UASB 反应器对污水进行后续处理，使出水达到预期的处理要求。整个反应器共分为 5 个系统：混合区、污泥膨胀床区（第 1 反应室）、精处理区（第 2 反应室）、内循环系统和出水区。

污水由配水管进入混合区、混合区内设有锥形斗以降低配水管的水流冲击，使进水的上升流速均匀，避免短流、紊流的出现。经稳定均匀后的污水进入第 1 反应室，与该室内的厌氧颗粒污泥混合。污水中的大部分有机物在此被分解产生沼气，被第 1 反应室的集气罩收集，沿沼气提升管 1 上升，并提升第 2 反应室中的混合液至反应器顶部的气液分离器 3，释出的沼气通过沼气管排走，泥水混合液经过回流管回流至第 1 反应室底部，与底部的进水混合，实现了内循环。经过第 1 反应室处理后的污水进入第 2 反应室进行精处理，提高出水水质。

（2）工艺特征：

内循环厌氧反应器的主要特征如下：

①负荷率高。内循环厌氧反应器内污泥浓度高，微生物量多，传质效果好，进水容积负荷率约为 UASB 的 4 倍。

②污泥自动回流。厌氧处理产生的大量沼气形成气提，在无须外加能源的条件下实现污泥回流促成内循环。

③引入分级系统。第 1 反应室的 COD 容积负荷远高于第 2 反应室的 COD 容积负荷，使得两个反应室内的颗粒污泥分别在高、低两种负荷下培养驯化，起到了微生物筛分选择的作用。第 1 反应室可去除进水中的大部分 COD，第 2 反应室可去除一些难降解的有机物。混合液进入第 2 反应室后，产沼气量少，对混合液的扰动减弱，有利于颗粒污泥的沉淀，解决了高 COD 负荷下污泥流失的问题，提高了系统稳定性。COD 去除率约为 80%。

④抗冲击负荷的能力强。当反应器进水 COD 浓度提高时，产沼气量增加，带动内循环流量上升，提高了反应室内污泥浓度与微生物量；反之，内循环流量下降，以适应较低的 COD 负荷，内循环混合液与进水混合后可以稀释进水中的有机物质浓度，大大降低有毒物质对厌氧反应的影响。

（3）IC 反应器的启动与颗粒污泥的培养：

IC 反应器启动时通常使用 UASB 反

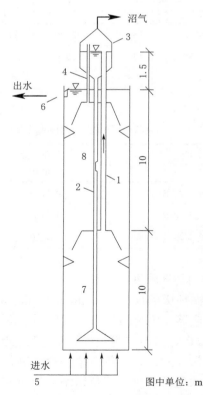

图中单位：m

图 9-5　内循环厌氧反应器构造图

1—沼气提升管；2—回流管；3—气液分离器；4—集气管；
5—进水管；6—出水管；7—第一反应室；8—第二反应室

应器的颗粒污泥接种，一般需要 1~2 个月的启动时间。如果没有颗粒污泥接种而采用絮体污泥接种，启动初期只能采用低负荷运行，待自行培养出颗粒污泥后，再逐步提高负荷，启动时间会大大延长。

IC 反应器的运行参数　　　　　　　　　　　　　　　　表 9-6

污水类型	进水 COD 浓度（mg/L）	有机负荷 [kgCOD/（m³·d）]	COD 去除率（%）	高度（m）	温度（℃）	规模（m³）
啤酒污水	2000	24	80	20	31	162
啤酒污水	1600	20	85	22	24~28	50
啤酒污水	2000	15	—	20.5	—	400
啤酒污水	4300	25~30	80	16	中温	70
土豆加工污水	3500~9000	25~50	75~90	16.5	30~35	17
土豆加工污水	6000~8000	48	85	15	—	100

2. 厌氧生物膜反应器

1）厌氧生物滤池

厌氧生物滤池装填有滤料。厌氧微生物繁殖在滤料表面，污水淹没流过滤料时，有机物被生物膜吸附、代谢以及截留而降解。产生的沼气聚集于池顶部集气罩内引出。处理水由旁侧流出，所夹带的老化生物膜，由沉淀池沉淀去除。

滤料应具备比表面积大、孔隙率高、表面粗糙、生物膜易于附着、化学及生物学的稳定性强、机械强度高等条件。常用的滤料有碎石、卵石、焦炭和各种形式的塑料滤料。碎石、卵石滤料的比表面积较小 (40~50 m²/m³)、孔隙率较低 (50%~60%)，产生的生物膜量较少，有机负荷较低，仅为 3~6 kgCOD/(m³·d)，容易堵塞与短流。塑料滤料的比表面积和孔隙率都比较大，如波纹板滤料的比表面积达 100~200 m²/m³，孔隙率达 80%~90%，因此，有机负荷提高，在中温条件下，可达 5~15 kgCOD/(m³·d)，且不易堵塞。

根据水流方向，厌氧生物滤池可分为升流式和降流式两种，如图 9-6 所示。

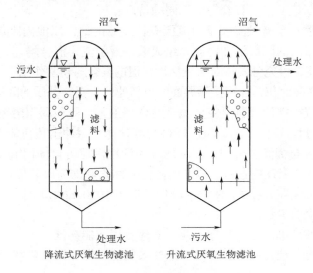

降流式厌氧生物滤池　　　　　升流式厌氧生物滤池

图 9-6　厌氧生物滤池

2）厌氧膨胀床和厌氧流化床

厌氧膨胀床（Anaerobic Expanded Bed）和厌氧流化床（Anaerobic Fludized Bed）的工艺流程如图 9-7 所示。

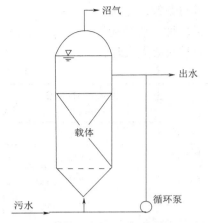

床内充填细小的固体颗粒填料，如石英砂、无烟煤、活性炭、陶粒和沸石等，填料粒径一般为 0.2~1 mm。每个填料表面都被生物膜覆盖，污水从床底部流入，为使填料层膨胀，采用处理水循环泵回流，提高床内上升流速。膨胀率为10%~20% 称膨胀床，颗粒略呈膨胀状态，但仍保持互相接触；当膨胀率达 20%~70% 时，称为流化床，颗粒在床中作无规则自由运动。

图 9-7　厌氧膨胀床和厌氧流化床工艺流程

厌氧膨胀床和厌氧流化床特点：①细颗粒的填料比表面积大，使床内具有很高的微生物浓度，达到 30 gVSS/L 左右，容积负荷较高，达 10~40 kgCOD/(m³.d)，水力停留时间短，耐冲击负荷能力强，运行稳定。②载体处于膨胀状态，填料之间，互相摩擦，有利于老化生物膜剥落与更新，防止堵塞。③剩余污泥量少。④适合处理小流量、高浓度有机污水。

厌氧流化床的主要缺点：①能耗较大；②系统的设计要求高。

9.2　射流厌氧反应器

射流厌氧反应器的工艺构造、核心设备等方面，都与上节所述各种厌氧生物处理设备不同。

9.2.1　射流厌氧反应器

1. 射流厌氧反应器的特点

厌氧生物处理反应器，分为厌氧活性污泥反应器与厌氧生物膜反应器两类。射流厌氧反应器属于前者。射流厌氧反应器的主要功能是降解 COD 与反硝化脱氮。与厌氧接触法、UASB、EGSB 及 IC 等工艺，有着完全不同的特点：

（1）射流器与潜水泵淹没安装于射流厌氧反应器内部，以池内厌氧活性污泥混合液为工作液，抽吸反应器内的厌氧活性污泥，组成液—液射流，混合均匀，混合强度大。

（2）液—液射流，可充分发挥对厌氧活性污泥的混合与切割作用，极大地增加基质与厌氧活性污泥的接触界面面积、加速接触界面的更新速度，提高基质的降解速率与处理效果。

（3）液—液射流搅拌使厌氧反应呈完全混合型工艺，容积利用系数高达 90% 以上，并可及时驱赶出厌氧过程产生的 N_2、CH_4 与 CO_2 等气体。耐冲击负荷能力强。

（4）厌氧反应区与沉淀区合建，沉淀的厌氧活性污泥可自动回流至反应区，无须外加动力，沉淀区延续着厌氧反应过程，两区的停留时间之和即为厌氧反应池的水力停留时间。

（5）射流厌氧反应器，在 COD 浓度较低（低于 1000 mg/L）时，可采用敞开式，不加顶盖。厌氧反应产生的少量沼气，不回收。

（6）构造与设备简单，运行管理方便，土建费用与能耗低。

（7）在沉淀筒内，挂有生物膜，繁殖兼性厌氧菌，增加厌氧生物量，提高脱氮效果。

2. 射流厌氧反应器的基本构造与原理

1）射流厌氧反应器的基本构造

基本构造如图 9-8 所示。

平面尺寸 13 m × 13 m，有效水深 5.5 m，有效容积 929.5 m³（含沉淀区容积），沉淀区直径 6 m，沉淀区高度 4.5 m，沉淀区容积为 127.2 m³，在水深为 1.5 m、3.0 m 处，各安装 2 台双级单喷射流器，工作液流量 Q 为 25 m³/h，工作压力 H 为 12 m，配潜水泵功率 N 为 2.2 kW，处理污水量为 200~300 m³/h，厌氧消化时间为 3~5 h，沉淀时间为 25~38 min。污水从池顶一角流入，从沉淀区出水堰经出水渠排出。

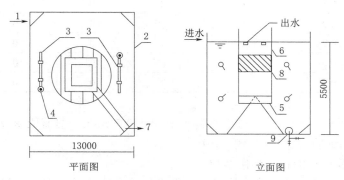

平面图　　　　　　立面图

图 9-8　射流厌氧反应器工艺图

1—进水区；2—厌氧反应区；3—射流区；4—潜水泵；5—整流板；

6—中心沉淀区；7—出水渠；8—生物绳；9—排泥兼放空管

2）射流厌氧反应器属性

射流厌氧反应器的属性，可用测定反应器内部的 COD 浓度与溶解氧 DO 浓度的分布情况判定。

（1）射流厌氧反应器内 COD 浓度分布：

测定时入流污水的 COD 浓度为 98.42 mg/L，进入射流厌氧反应器后，经射流器液—液搅拌半小时后，在水深为 3.0 m 及 1.5 m 的断面处，各取 5 个水样，测定其 COD 浓度，取样点分布及测定结果如图 9-9 所示。由于 1 号取样点位于进水口附近，COD 浓度较高外，其他各点的 COD 浓度都非常接近，说明反应器的完全混合型属性。

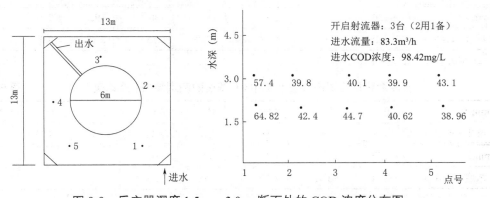

图 9-9　反应器深度 1.5 m、3.0 m 断面处的 COD 浓度分布图

（2）射流厌氧反应器内溶解氧浓度分布：

进水溶解氧 DO 及反应器内不同深度的溶解氧浓度测定结果见表 9-7。

各取样点处溶解氧浓度的测定结果表 表 9-7

测定次数	进水 DO 浓度（mg/L）	出水 DO 浓度（mg/L）	反应器内深度			
			0.1 m	1.5 m	3.0 m	4.5 m
1	0.2	0	0	0	0	0
2	0.0	0	0	0	0	0
3	0.5	0	0	0	0	0
4	0.0	0	0	0	0	0
5	0.7	0	0	0	0	0
6	0.0	0	0	0	0	0
7	0.7	0	0	0	0	0

运行一年多的时间内，污水进水溶解氧浓为 0~0.7 mg/L，射流厌氧反应器内及出水溶解氧始终为 0，可证明为完全混合型属性。

3. 射流厌氧反应器的容积利用系数

容积利用系数的定义：污水在厌氧反应池器的实际水力停留时间与理论水力停留时间的比值。

$$T_1 = \frac{V}{Q} \tag{9-1}$$

式中　T_1——理论水力停留时间，h；

　　　V——厌氧消化器的有效容积，m^3；

　　　Q——处理污水水量，m^3/h。

用 Cl^- 示踪剂测定，3 次的测定结果见表 9-8~表 9-10 与图 9-10~图 9-12。实测水力停留时间分别为 2.75 h、2.25 h 与 3 h，容积利用系数为 90%~91%。

厌氧消化反应器出口各水样中 Cl^- 浓度的测定结果（第一次） 表 9-8

t_i（min）	0	15	30	45	60	75	90	105
Cl^- 浓度（mg/L）	0.00	2.18	2.18	2.18	2.18	2.18	2.18	2.18
t_i（min）	120	135	150	165	180	195	210	
Cl^- 浓度（mg/L）	4.28	6.58	6.58	37.08	6.58	2.18	0.00	

注：测定时实际处理污水量为 253.6 m^3/h。

厌氧消化反应器出口各水样中 Cl^- 浓度的测定结果（第二次） 表 9-9

t_i（min）	0	15	30	45	60	75	90	105
Cl^- 浓度（mg/L）	0.00	2.18	2.18	2.18	4.36	2.18	8.72	4.36
t_i（min）	120	135	150	165	180			
Cl^- 浓度（mg/L）	4.36	30.52	2.18	4.36	2.18			

注：测定时实际处理污水量为 308.2 m^3/h。

厌氧消化反应器出口各水样中Cl⁻浓度的测定结果（第三次） 表9-10

t_i(min)	0	15	30	45	60	75	90	105	120
Cl⁻浓度（mg/L）	0.00	2.18	2.18	2.18	2.18	2.18	4.36	2.18	2.18
t_i(min)	135	150	165	180	195	210	225	240	
Cl⁻浓度（mg/L）	2.18	6.54	6.54	41.42	4.36	2.18	2.18	0.00	

注：测定时实际处理污水量为 235.6 m³/h。

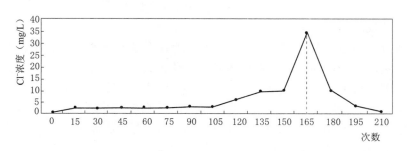

图 9-10 第一次实验 Cl⁻ 浓度—t_i 关系图

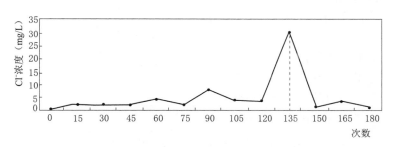

图 9-11 第二次实验 Cl⁻ 浓度—t_i 关系图

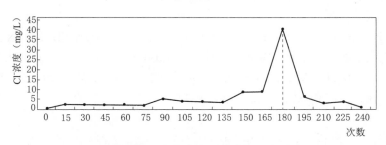

图 9-12 第三次实验 Cl⁻ 浓度—t_i 关系图

9.2.2 射流厌氧反应器的工程应用

1. 处理流程与工程规模

应用于武汉水质净化厂射流厌氧反应器的工艺流程，如图 9-13 所示。

处理规模 7200 m³/d，沉砂池停留时间为 30 s，初沉池沉淀时间 1.5 h，射流厌氧消化反应器反应时间 3~5 h，二沉池沉淀时间为 1.0~1.5 h。液—液射流，吸泥比为 0.47，4 台射流器同时工作时，共计抽吸流量为 147 m³/h。以顺时针方向推射反应器内的混合液围绕中心沉淀筒环向旋流向下，从底部的锥体缝隙经整流板整流后进入沉淀区，沉淀区内悬挂生物绳，供繁殖与生长厌氧反硝化细菌，起反硝化脱氮作用，沉淀污泥直接回流到消化反应器，清水由顶部集水槽排出，剩余消化污泥静水压力排除。

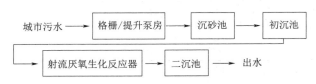

图 9-13　污水处理工艺流程图

2. 射流厌氧反应器的启动

射流厌氧反应器启动时，需要培养与驯化厌氧消化活性污泥，使产酸菌与兼性厌氧菌群之间建立平衡。由于产酸菌比兼性厌氧菌生长快速，容易造成酸性积累，故在启动时需要引入大量兼性厌氧菌作为接种液，所需接种液体积应占反应器容积的 30%~40% 左右，然后引入污水开始进行培养与驯化，逐步增加入流污水量，并测定进、出水的 COD 浓度。当 COD 的去除率达到 40%~50% 时，培菌成功，可投入满负荷正常运行。培菌时间约需 30 天左右。成熟污泥呈黑褐色，且絮凝沉淀性能良好。

3. 厌氧微生物增量

厌氧微生物增量用下式计算：

$$\Delta X = \left[YQ(S_a - S_e) - K_\delta XV \right] \tag{9-2}$$

式中　ΔX——微生物增量；

　　　Y——污泥产率系数，取 0.0714；

　　　X——反应器内污泥浓度，g/m^3；

　　　K_δ——污泥自身氧化系数，取 0.0116；

$$\Delta X = 0.0714Q(S_a - S_e) - 0.0116XV \tag{9-3}$$

4. 设计与运行参数、经济技术指标及处理效果

1）设计与运行参数

水力停留时间 3~8 h，视原水水质 COD 浓度而定，高于 1800 mg/L，NH_3-N 高于 200 mg/L 时，采用上限，低于时采用下限。沉淀区沉淀时间 1.0~1.5 h，沉淀区表面负荷 1.5~2.5 $m^3/m^2/h$，反应区 MLSS 2.0~4.0 g/L，MLVSS 1.5 g/L~3.0 g/L，两者比值 MLVSS/MLSS=0.5~0.8。溶解氧浓度 0.7~0.0 mg/L，pH 7.0~7.5，水温不得低于 9℃。

2）处理效果

处理水的各项水质指标，委托武汉市水质检测中心全程跟踪检测，由该中心抽样检测，历时一年，检测结果见表 9-11。

从表 9-11 可得出：

（1）射流厌氧反应器，利用射流器液—液射流进行射流抽吸搅拌，对厌氧活性污泥絮体的切割效果好，可增加基质与絮体的接触时间、接触界面更换速度与传质速率，因此处理效果良好。

（2）SS 去除率为 52%~71.4%，平均 61.1%；COD 去除率 39.4%~76.9%，平均 66.9%；BOD_5 去除率 34.8%~81.2%，平均 64.9%。

（3）如要达到一级 A 排放标准，需经后续好氧处理。

3）主要经济技术指标

每立方米污水电耗为 0.3~0.2 $kW \cdot h/m^3$。

表9-11

射流厌氧反应器处理效果检测结果表

序号	SS 进水 (mg/L)	SS 出水 (mg/L)	SS 去除率 (%)	COD 进水 (mg/L)	COD 出水 (mg/L)	COD 去除率 (%)	BOD 进水 (mg/L)	BOD 出水 (mg/L)	BOD 去除率 (%)	混合液 MLSS (mg/L)	混合液 MLVSS (mg/L)	混合液 MLVSS/MLSS	DO (mg/L)	pH	水温
1	58	27	53.5	76.9	52	32	39.4	14.1	64.2	1.03	0.8	0.78	0	7.0	20
2	50	24	52.0	64.5	26	60	39.3	17.9	54.3	1.12	0.70	0.63		7.2	23
3	94	29	69.1	121	34.7	71.3	68.9	29.1	58	1.203	0.55	0.46	0	7.1	20
4	65	31	52.3	71.9	43.6	39.4	45.0	23	49	0.97	0.59	0.61			
5	36			46.2			67.7	50.7	25.1						
6	73			99.1											19
7	78	24	69.2	87.9	21.4	75.6	67.8	9.9	85.4	1.024	0.67		0.1	7.2	
8	84	24	71.4	106.1	24.5	76.9	66.1	11.7	82.3	1.023	0.71		0.1		
9	99	28	71.7	98.4	33	66.5	56.9	22.3	60.8	1.043	0.70		0	7.1	17
10	98	47	52.0	127.1	72.4	59	42.8	27.9	34.8	1.011	0.622		0	7.1	23
11	80	28	65.1	112.3	24.5	78.2	56.8	10.7	81.2	1.026	0.718		0.2		22
12	80	34	57.5	60.4	17.3	71.4	27	9.2	65.9	1.023	0.627		0	7.2	22
13	96	28	70.8	88.8	35	60.6	53.8	25.8	52.1	0.96	0.69		0	7.2	23
14	82	36	56.1	84.9	35.4	58.3	46.4	18.2	60.8	0.942	0.654		0	7.0	22
15															
16	58	27	53.4	62.7	26.5	58	39.4	14.1	64.2	1.023	0.8		0	7.0	22

第10章 合建式淹没安装射流曝气

10.1 合建式淹没安装射流曝气工艺

10.1.1 合建式射流曝气

1. 合建式淹没安装射流曝气工艺

合建式淹没安装射流曝气工艺是生物脱氮除磷 A²O 工艺的改良，工艺流程如图 10-1 所示。

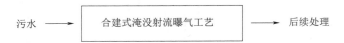

污水 ⟶ 合建式淹没射流曝气工艺 ⟶ 后续处理

图 10-1 合建式淹没安装射流曝气工艺流程

曝气池连续进水、连续出水，好氧—兼氧—厌氧三段反应过程合建在同一个反应器内完成，用淹没安装的射流曝气器提供氧与混合液的搅拌。

好氧段的主要功能是完成碳化即把含碳有机物氧化分解为 H_2O 与 CO_2，并在好氧的条件下，微生物细胞最大限度地吸收无机磷 PO_4^{3-}，经沉淀去除水体中的总磷 TP；把含氮有机物（包括蛋白质、氨基酸、尿素、胺类化合物，硝基化合物等）氨化为氨氮 NH_3-N 或 NH_4^+；兼氧段的主要功能是完成氨的硝化反应，把 NH_3-N 硝化为 NO_2^- 与 NO_3^-；厌氧段的主要功能是反硝化反应，即把 NO_2^- 与 NO_3^- 还原成 N_2 达到脱氮的目的，但在厌氧条件下，被微生物细胞吸收的磷 PO_4^{3-}，会释放回水体。因此必须增设化学除磷池，才能达到脱氮除磷的目的。化学除磷剂可用铝盐（包括硫酸铝、铝酸钠和聚合铝等，以硫酸铝较常用）。铝盐投加量约为 60 ~80 mg/L，如用聚合铝投加量可采用 60 mg/L 左右，在污水 TP 浓度在 9 mg/L 以下时，经混凝沉淀后，可降至 0.2~0.5 mg/L，除磷率达 60%~95%。也可用铁盐如 $FeCl_3$ 等，但铁盐有一定的色度与腐蚀性，产生的沉淀污泥量也较多，故不常用。

化学除磷会增加污泥量约 20%~30%。

2. 三段反应过程的控制指标

三段反应过程可用两个指标有效地进行自动化控制：①溶解氧浓度控制：好氧段的溶解氧浓度控制在 2.0~4.0 mg/L，兼氧段的溶解氧浓度控制在 2.0~0.7 mg/L，厌氧段溶解氧浓度控制在 0.7~0.0 mg/L。②持续时间控制：3 个段的持续时间之比约控制在 3：2：1，如反应器的总水力停留时间为 8~14 h，则好氧段的持续时间为 $(8 \sim 14) \times \frac{3}{6}$ h，兼氧段的持续时间为 $(8 \sim 14) \times \frac{2}{6}$ h，厌氧段的持续时间为 $(8 \sim 14) \times \frac{1}{6}$ h，使 3 个段各自的优势微生物有充分的转换时间。

3. 合建式反应器可行性的理论依据

由于好氧、兼氧、厌氧这三个阶段的反应过程，具有不同的优势菌种，其生化功能、菌种的营养类型、生长的环境条件、分解对象与合成产物等方面，既有相同之处也有不同之处。相同之处是可合建成一个反应器的依据；不同之处可采用溶解氧浓度及持续时间进行自动化控制，得到克服与满足。

1）菌属营养类型的异同

好氧段的优势微生物属于异养型好氧原核细菌，包括细菌类、真菌类、原生动物及后生动物等。分解的主要对象是含碳有机物与含氮有机物，含碳有机物被分解为 H_2O 与 CO_2，可简称为碳化过程；含氮有机物被分解为 NH_3-N，可简称为氨化过程。经过分解后，BOD_5 可降至 20~30 mg/L。

兼氧段的优势微生物是硝酸菌与亚硝酸菌，统称为硝化菌，这类细菌的生理活动不需要有机性营养物质，只需要从碳化过程中分解出的游离 CO_2 中获取碳源，从无机物的氧化过程中获取能量，即可生长繁殖，属于自养型兼性微生物。

厌氧段的优势微生物是反硝酸菌，需从含碳有机物中获取碳源作为电子供体，从反硝化过程中获取能量，属于异氧型兼性厌氧菌。

上属 3 类微生物无处不在，只是当环境条件不同时，可以互相转换为优势微生物。

经过好氧段的异氧型微生物分解反应后，残留的 BOD_5 可以为厌氧段的异氧型兼性厌氧菌提供碳源与电子供体，如果碳源不足，可以外加。

2）生长环境的异同

（1）不同类型微生物有各自适宜的水温：

好氧菌与兼性硝化菌适宜的水温为 15~35℃，反硝化菌适宜的水温是 20~40℃，低于 15℃时反硝化菌的代谢速率降低，细菌的增殖速率下降，高于 40℃时，严重抑制各类微生物的生长。

（2）不同类型微生物各自适宜的 pH 值：

好氧菌的适宜 pH 值为 6.5~8.5，亚硝酸菌的适宜 pH 值为 7.0~8.5，硝酸菌的适宜 pH 值为 7.0~8.1，反硝化菌的适宜 pH 值为 6.5~8.5。

（3）各自所需的溶解氧浓度：

异氧型好氧菌的适宜溶解氧浓度为 1.0~3.0 mg/L，当混合液溶解氧浓度达到 4 mg/L 时，微生物对磷酸盐 PO_4^{3-} 的吸收能力达到最强。

自养型硝化菌的适宜溶解氧浓度为 2.0~0.7 mg/L。反硝化菌只有在溶解氧浓度极低，为 0~0.5 mg/L 以及 NO_2^-、NO_3^- 存在的条件下，才能利用 NO_2^-、NO_3^- 离子中的氧进行呼吸，使 NO_2^-、NO_3^- 还原为 N_2，达到脱氮的目的。如果溶解氧高于 1.0 mg/L，会抑制反硝化菌体内的硝酸盐还原酶的合成，或者可用溶解氧作为电子受体，阻碍 NO_2^-、NO_3^- 的还原，丧失反硝化脱氮功能。但另一方面，在反硝化菌体内的某些酶系统组成只能在有氧条件下才能合成，故反硝化菌可以在厌氧、微氧（低于 0.5 mg/L）交替的环境中生长繁殖。

（4）各阶段反应过程的分解对象：

好氧段的分解对象主要是含碳有机物与含氮有机物，参与反应的优势微生物是异氧型好氧菌。

兼氧段主要功能是硝化反应，硝化对象是将 NH_3-N 硝化为 NO_2^- 与 NO_3^-，参与反应的优势微生物是自养型兼性微生物。

厌氧段主要功能是反硝化脱氮，将 NO_2^-、NO_3^- 还原成气态氮 N_2，参与反应的优势微生物是异氧型兼性厌氧菌。在完成反硝化脱氮的过程中，需要一定浓度的含碳有机物作为碳源及电子供体，当污水中 $BOD_5/TN > 3\sim5$ 时，可认为碳源充足，如果污水中 BOD_5 不足可以投加污水或甲醇、葡萄糖等补充。

各类微生物适宜的生活环境，包括水温、pH 值、DO 浓度、电子供体、电子受体等都有互相涵盖与适应的范围。生活污水、城市污水的 pH 一般都处于 7~8 之间，水温处于 10~25℃之间，因此控制好 DO 浓度及持续时间，使不同类型的菌种，都能处于各自的生长繁殖的生活环境并有足够的、相互转化为优势菌种的时间，在反应器连续进水、出水的情况下，完成好氧反应、兼氧硝化反应及厌氧反硝化反应是可行的。

（5）同步硝化反硝化：

当好氧环境与缺氧环境在一个反应器中同时存在，硝化和反硝化在同一个反应器中同时进行时，称为同步硝化/反硝化，简称 SND。同步硝化/反硝化不仅可以发生在生物膜反应器中，如流化床、曝气生物滤池、生物转盘等，也可以发生在活性污泥系统中如曝气池、氧化沟等。

同步硝化/反硝化的机理也可以从生物学和反应器两个方面来解释：

①从生物学角度，由于自养型兼性硝化菌和好氧反硝化菌的存在，使硝化和反硝化有了同时发生的可能。就反硝化菌而言，氧气对反硝化过程的抑制作用主要表现在电子受体之间的争夺能力差异上，但氧的存在对大部分反硝化菌本身并不抑制，而且这些细菌呼吸链的某些成分甚至需要在有氧的情况下才能合成。

②从反应器角度，可以在反应器内同时创造适合硝化和反硝化的环境，形成缺氧、厌氧和好氧并存。微观环境来看，在活性污泥菌胶团或生物膜内部也可能形成缺氧/厌氧段，使同步硝化/反硝化成为可能。反应器内进行同步硝化/反硝化的必要条件是控制 DO 的水平，使好氧和缺氧环境同时存在，既能满足碳化和硝化反应的需要，又能保证局部缺氧环境的形成。

同时硝化/反硝化工艺与传统顺序式硝化/反硝化工艺，如在反应器中挂生物绳作为载体，生物膜附着生长在载体上，空气通过此载体渗透进入生物膜层。生物膜中的微生物自然分层，即在生物膜表层繁殖的是好氧菌，下面是硝化菌，而异养型厌氧反硝化菌则存在于生物膜的最底层，碳化、硝化和反硝化分别在生物膜的不同层次上进行。

（6）好氧反硝化：

曾经认为反硝化是一个严格的厌氧过程，反硝化菌作为兼性菌，在有氧存在的条件下，会优先使用氧气，但 20 世纪 80 年代后期发现了好氧硝化菌的存在，可以在好氧条件下将氨直接转化为气态产物。研究表明，好氧反硝化菌的反硝化活动在低溶解氧条件下，明显存在，能够将硝酸盐、亚硝酸盐还原成 NO 和 N_2O，其中好氧反硝化的初始基质主要为亚硝酸盐。好氧反硝化菌在好氧条件下的脱氮机理尚未完全搞清，推测如下：

$$NH_3 + O_2 \rightarrow NO_3^- + N_2 + H^+ + H_2O$$

好氧反硝化速率与氨消耗速率相近，这使好氧反硝化更具有实际的工程意义，将在节省能耗的情况下大大提高脱氮效率。已有工程应用的好氧氨氧化工艺（De-ammonification），通过控制供氧来实现好氧反硝化菌在好氧环境下完成脱氮。

其过程如图 10-2 所示。

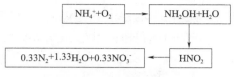

图 10-2　好氧反硝化氨氮转化途径

10.1.2　碳化、氨化、硝化及反硝化脱氮的机理

1. 好氧段的功能与净化机理

含碳有机物（$C_xH_yO_z$）碳化反应典型反应方程式：

$$C_xH_yO_z + \left(x + \frac{y}{4} - \frac{z}{2}\right)O_2 \rightarrow xCO_2 + \frac{y}{2}H_2O - \Delta H \tag{10-1}$$

其中，$-\Delta H$ 表示吸热反应所需吸取的热量。

含氮有机物氨化反应典型反应方程式，以氨基酸（$RCHNH_2COOH$）为例：

$$RCHNH_2COOH + O_2 \xrightarrow{\text{酶}} RCOOH + CO_2 + NH_3 \tag{10-2}$$

另一部分含碳有机物与含氮有机物合成新细胞，典型反应方程式为

$$nC_xH_yO_z + nNH_3 + n\left(x + \frac{y}{4} - \frac{z}{2} - 5\right)O_2 \rightarrow (C_5H_7NO_2)_n + n(x-5)CO_2 + \frac{n}{2}(y-4)H_2O - \Delta H$$

$$\tag{10-3}$$

进一步氧化反应：

$$(C_5H_7NO_2)_n + 5nO_2 \xrightarrow{\text{酶}} 5nCO_2 + 2nH_2O + nNH_3 + \Delta H \tag{10-4}$$

其中 $+\Delta H$ 表示放热反应产生的热量。

在新细胞合成的过程中，需要吸取无机盐类，主要是无机磷 PO_4^{3-}，以及微量的钠、钾、镁、钙、铁与硫等。磷是微生物需求量最多的无机元素。在菌体细胞组成中，磷约占全部无机盐元素的 50%，是合成核蛋白、卵磷脂及其他含磷化合物的必要元素，如果磷不足将影响酶的活性，微生物对磷的需求量可按 BOD_5：N：P=100：5：1 计算。微生物细胞的化学式为 $C_{18}H_{170}O_{51}N_{17}P$（Holmers 提供），可见组成微生物细胞质所需的元素磷需要量很少，若要使处理水的总磷 TP 含量低于 1 mg/L，应满足污水中的 $BOD_5/TP > 20$，或溶解性 BOD_5/ 溶解性 P > 12~15。若要使处理水的 TP 达到一级 A 排放标准，即 TP < 0.5 mg/L，需增加化学除磷工艺。有资料介绍，每去除 1 mgBOD_5 可去除磷 0.04~0.08 mg。但笔者的实践证明，此值偏高，达到的可能性不大，这个数据有待进一步研究核实。

好氧段反应过程中，除合成新细胞质时需要消耗部分无机磷外，混合液的活性污泥也会吸收部分无机磷 PO_4^{3-}，当混合液浓度达到 4 mg/L 时，活性污泥对磷的收附量达到最强。

2. 兼氧段的功能与净化机理

1）硝化反应

兼氧段的功能是硝化反应，即在自养型兼性硝化菌的参与下，氨态氮被氧化为 NO_2^- 与 NO_3^-，硝化反应分为两个阶段，首先在亚硝酸菌的参与下，NH_3-N（或 NH_4^+）被氧化为 NO_2^-。反应式如下：

$$NH_4^+ + \frac{3}{2}O_2 \xrightarrow{\text{亚硝酸菌}} NO_2^- + H_2O + 2H^+ - \Delta H \qquad (10\text{-}5)$$

式中 $-\Delta H$——吸热反应所需的热量，$-\Delta H = 278.42$ kJ，

水中的 NO_2^- 很不稳定，存在的时间很短，因此 NO_2^- 在硝酸菌的作用下，很快被继续氧化为 NO_3^-，反应式如下：

$$NO_2^- + \frac{1}{2}O_2 \xrightarrow{\text{硝酸菌}} NO_3^- - \Delta H \qquad (10\text{-}6)$$

式中 $-\Delta H$——吸热反应所需的热量，$\Delta H = 72.27$ kJ。

总反应式为：

$$NH_4^+ + 2O_2 \rightarrow NO_3^- + H_2O + 2H^+ - \Delta H \qquad (10\text{-}7)$$

式中 $-\Delta H$——吸热反应所需吸收的总热量，$\Delta H = 278.42 + 72.27 = 350.69$ kJ。

由式（10-7）可知，兼氧段的硝化反应，1 mol NH_4^+ 被氧化为 1 mol NO_3^-，需要 2 mol 的氧，并放出 2 个 H^+ 离子。

2）净化机理。

（1）要满足"硝化需氧量"的需要，DO 需保持在一定的值，并需要有一定浓度的碱度作为缓冲剂，避免由于硝化反应过程中放出的 H^+，降低混合液的 pH 值。

由式（10-7）可知，硝化反应中，1 mol 原子氮（N）氧化成 NO_3^-，需要 2 mol 的分子氧 O_2，即 1 g 氮完成硝化反应转化成 NO_3^-，需要 4.57 g 氧，此氧量即称为"硝化需氧量"，用 NOD 表示。故要求反应器内混合液的 DO 应为 2.0 mg/L 左右。

（2）产 H^+ 与消耗碱度。

硝化反应过程，将放出 H^+ 离子（见式 10-7），有可能会降低混合液的 pH 值，为使混合液保持适宜的 pH 不变，需要碱度作为缓冲剂，1 gNH_3-N（或 NH_4^+）完全被硝化，需要消耗碱度 7.14 g（以 $CaCO_3$ 计）。但在反硝化过程中，还原 1 g NO_3^-（以 N 计），能产生 3.75 碱度（以 $CaCO_3$ 计）（计算详后），即可补充 50% 的碱度。此外，每去除 1 gBOB_5 可以产生 0.3 g 碱度，每还原 1 gNO_2^- 与 NO_3^- 可回收 3 g 碱度。由于城市污水、生活污水中的 BOB_5 浓度一般都在 100~150 mg/L 左右，因此消耗的碱度与补充的碱度，可基本保持平衡，不必外加碱度。

（3）由于硝化菌是自养型细菌，生长繁殖不需要外界的含碳有机营养物，外界的含碳有机营养物过高的话，反而使异养型细菌增殖过快，并可能转换成为优势菌种，抑制硝化菌的增殖，影响硝化反应过程。

（4）反应时间。为了使硝化菌能在连续合建式反应器中生长繁殖，硝化段的反应时间必须大于硝化菌的世代时间。如在反应器内添加载体——生物膜固定硝化细菌，增加硝化菌的生物量，有助于缩短系统的运行周期，加速硝化反硝化过程。

（5）污水中如有 NH_3-N，其浓度超过 140 mg/L，则在进入合建式曝气池前应设兼氧反应器，使 NH_3-N 先行硝化成 NO_2^- 与 NO_3^-，再进入合建式曝气池。因为进入硝化段的 NH_3-N 的浓度如果高于 70 mg/L 将抑制硝化菌的成长。

3. 厌氧段的功能与净化机理

厌氧段的主要功能是反硝化脱氮，以及进一步分解去除有机污染物，即将 NO_2^- 与 NO_3^-，以有机物所含碳源为电子供体，还原成气态 N_2 而脱除。

反硝化细菌氧化分解有机物所需的氧源，是在无氧分子存在的情况下，利用 NO_2^- 与

NO_3^- 中的 N^{3+}、N^{5+} 作为能量代谢中的电子受体（被还原），并利用其中的 O^{2-} 作为电子受体。利用含碳有机物中的碳作为电子供体，因此在反硝化段既有还原 NO_2^-、NO_3^- 成为 N_2 而脱除，又有进一步降解有机物的功能。

生物反硝化反应式如下：

$$NO_2^- + 3H^+ \rightarrow \frac{1}{2}N_2 + H_2O + OH^- （碱度）\qquad（10-8）$$

$$NO_3^- + 5H^+ \rightarrow \frac{1}{2}N_2 + H_2O + OH^- （碱度）\qquad（10-9）$$

反硝化反应过程中，NO_2^- 与 NO_3^- 的转化是通过反硝化细菌的同化作用（合成代谢）和异化作用（分解代谢）完成的，同化作用是 NO_2^- 与 NO_3^- 被还原成 $NH_4^+ - N$ 用以新生微生物的合成，氮成为新细胞质的组成部分，异化作用是 NO_2^- 与 NO_3^- 被还原为 NO、N_2O 与 N_2 等气态氮被脱除，主要是 N_2。通过异化作用去除的氮，约占氮去除总量的 70%~75%。

硝酸盐的反硝化通式为：

$$5C + 2H_2O + 4NO_3^- \rightarrow 2N_2 + 4OH^- + 5CO_2 \qquad（10-10）$$

由式（10-10）可知 4 个 NO_3^- 还原成 2 个 N_2，产生 4 个 OH^-（碱度），并可使 5 个有机碳氧化成 CO_2，相当于消耗 5 个 O_2，从反应式：

$$4NH_4^+ + 8O_2 \rightarrow 4NO_3^- + 8H^+ + H_2O \qquad（10-11）$$

可知 4 个 NH_4^+ 氧化成 4 个 NO_3^-，需消耗 8 个 O_2，故反硝化时氧的回收率为 5/8=0.62。从上述各反应可知每还原 1gNO_3^--N，会产生 3.57g 碱度（以 $CaCO_3$ 计）。

10.1.3　硝化、反硝化反应动力学

1. 硝化、反硝化反应动力学方程式

硝化、反硝化服从活性污泥反应动力学，动力学反应方程式如下：

微生物的增殖方程：

$$\mu = \mu_{max}\frac{S}{S + K_S} \qquad（10-12）$$

式中　μ——微生物的比增殖率，d^{-1}；

　　　μ_{max}——微生物的最大比增长率，d^{-1}；

　　　S——基质浓度，mg/L；

　　　K_S——饱和常数，mg/L。

基质的去除方程：

$$q = q_{max}\frac{S}{S + K_S} \qquad（10-13）$$

式中　q——基质的比去除率，mg/（mg·d）；

　　　q_{max}——基质的最大比去除率，mg/（mg·d）。

微生物的增殖与基质去除的关系：

$$q_{max} = \frac{\mu_{max}}{Y_g} \qquad（10-14）$$

式中 Y_g——微生物的产率，mg/mg。

基质的利用率可以由下式计算：

$$q = \frac{S_0 - S}{HRT \times X} \qquad (10\text{-}15)$$

式中 S_0——污水中的基质浓度，mg/L；

　　S——反应器中的基质浓度，mg/L；

　　X——反应器中的微生物浓度，mg/L；

　　HRT——水力停留时间，d。

设计的微生物细胞停留时间：

$$\frac{1}{\theta_d} = Y_g q - K_d \qquad (10\text{-}16)$$

式中 θ_d——设计的硝化或反硝化反应所需的细胞停留时间，d；

　　K_d——微生物的内源呼吸代谢速率，d^{-1}。

细胞的最小停留时间：

$$\theta_{min} = Y_g q_{max} - K_d \qquad (10\text{-}17)$$

式中 θ_{min}——设计的硝化或反硝化反应所需的细胞最小停留时间，d。

2. 反应动力学系数

上述各式中的动力学常数列于表10-1，汇总了硝化反应器中所得到的硝化细菌的动力学常数，表10-2列举了反硝化细菌的动力学参数，供参考。

在20℃时硝化细菌的动力学常数   表10-1

常数		单位	范围	
			一般	典型
亚硝化细菌	μ_{max}	d^{-1}	0.3~2.0	0.7
	K_S	mg /L	0.2~2.0	0.6
硝化细菌	μ_{max}	d^{-1}	0.4~3.0	1.0
	K_S	mg /L	0.2~5.0	1.4
总的反应	μ_{max}	d^{-1}	0.3~3.0	1.0
	K_S	mg /L	0.2~5.0	1.4
	Y_g	mg /mg	0.1~0.3	0.2
	K_d	d^{-1}	0.03~0.06	0.05

在20℃时反硝化细菌的动力学常数   表10-2

常数		单位	范围	
			一般	典型
亚硝化细菌	μ_{max}	d^{-1}	0.3~0.9	0.3
	K_S	mg /L	0.06~0.20	0.10
	Y_g	mg/mg	0.4~0.9	0.8
	K_d	d^{-1}	0.04~0.08	0.04

10.1.4　生物脱氮的一般工艺

生物脱氮处理工艺是以生物法脱氮原理为基础,主要包括以下三个生化反应过程:①污水中一部分氮通过微生物的合成代谢转化为微生物量,进而通过泥水分离从污水中得到以去除;②污水中的氨氮及有机氮通过微生物的硝化反应转变为硝酸盐;③在缺氧或厌氧条件下,硝化反应所产生的硝酸盐由反硝化细菌把它们最终转化为氮气而从污水中去除。

一般处理工艺分为:

1. 硝化—反硝化工艺的基本流程:

可分为一段硝化法与两段硝化法两种

一段硝化是指硝化反应在活性污泥曝气池内进行,基本工艺流程如图 10-3 所示。

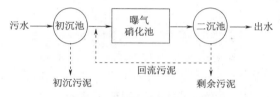

图 10-3　一段硝化反应流程

在一段硝化法中,BOD 降解与硝化反应均在同一曝气池内进行,由于硝化细菌的世代时间比好氧异氧菌长得多,因此为了保证硝化反应的顺利进行,污泥停留时间以泥龄表示,一般须控制在 3d 以上。另外,硝化细菌在与好氧异氧菌竞争溶解氧时处于劣势,只有当曝气池内有机负荷降低到一定水平以下时,硝化反应才能进行。基于上述理由,目前在实际中倾向于应用复合式一段硝化法,即在曝气池内添加某种载体,如生物膜,以此固定硝化细菌,这样可以大大缩短系统的运行周期。

2. 两段硝化法

所谓两段硝化是指硝化反应是在另外一个硝化反应器内完成,基本工艺流程如图 10-4 所示。在该系统中,首先利用活性污泥去除污水中的 BOD,然后在 SRT 较长的第二段进行硝化。两段硝化法克服了一段硝化法的不足,BOD 去除与硝化反应分别在两个不同的反应器内进行,是目前应用较为广泛的硝化反应工艺流程之一。

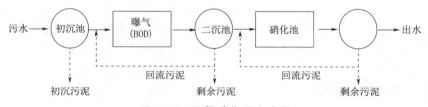

图 10-4　两段硝化反应流程

污水经过硝化反应后,合氮的有机物只是形式上发生了变化,但并没有从污水中去除。当硝化反应与反硝化反应相结合时,最终可将硝化反应生成的亚硝酸盐及硝酸盐通过反硝化反应还原为氮气,并从水体中去除。一般来讲,所有的生物脱氮工艺都包括一个好氧硝化池(区)及具有一定容积或时间段的缺氧池(区),后者用以发生生物反硝化作用来达到脱氮的目的。在生物脱氮过程中,包括了 NH_4^+-N 氧化成 NH_x^+-N 和 NH_x^+-N 再还原成

N_2 这两个过程。硝酸盐还原所需的电子供体可以是污水中剩余的 BOD，也可以外加污水或甲醇、葡萄糖。

目前应用较为广泛的硝化—反硝化流程主要有三种基本形式，分别是一段 BOD 氧化—硝化—反硝化流程（图 10-5a），两段 BOD 氧化—硝化—反硝化流程（图 10-5b）和三段分离式 BOD 氧化、硝化及反硝化流程（图 10-5c）。在实际中可以根据具体情况选择相应的工艺流程。

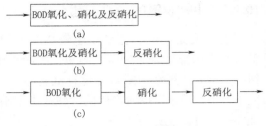

图 10-5　生物脱氮基本流程
（a）一段 BOD 氧化—硝化—反硝化流程；
（b）两段 BOD 氧化—硝化—反硝化流程；
（c）三段分离式 BOD 氧化、硝化及反硝化流程

3. 短程硝化反硝化

传统脱氮理论认为，实现生物脱氮必须使 NH_4^+-N 经过完全硝化和反硝化才能使氨氮被完全去除。而实际上从微生物转化过程来看，氨转化为亚硝酸盐和硝酸盐是由两种独立的细菌催化完成的两个不同反应，可以分开。早在 1975 年 Voet 发现在硝化过程中 HNO_2 的积累现象并首次提出了短程硝化—反硝化生物脱氮理论。短程硝化—反硝化就是将硝化控制在形成亚硝酸阶段，阻止亚硝酸的进一步硝化，然后直接进行反硝化，形成 $NH_4^+ \rightarrow HNO_2 \rightarrow N_2$ 的脱氮过程。

短程生物脱氮的关键是如何控制硝化停止在 HNO_2 阶段。由于在开放的生态系统中亚硝酸菌和硝酸菌为紧密的互生关系，因此完全的亚硝酸化是不可能的。短程硝化的标志是：HNO_2 的浓度较高且稳定的条件下，即亚硝酸化率较高（$N_2^- - N$ 与总硝态氮（$NO_2^- - N + NO_3^- - N$）之比大于 50%)。使亚硝酸积累的因素很多，可通过调节温度、pH 值、氨浓度、DO、氮负荷、有害物质和泥龄来实现。水温大于 30℃、pH 值大于 8、分子态游离氨浓度在 0.6 mg/L 以上和低 DO 浓度都有利于 $N_2^- - N$ 的积累，使短程硝化能够维持。

目前短程硝化主要应用于 SHARON 工艺。在城市污水二级处理系统中，污泥消化的上清液、垃圾渗滤液等高氨氮浓度的废水，在中温（30~35℃）条件下亚硝酸菌的最短停留时间小于硝酸菌这一特性，控制系统的水力停留时间介于硝酸菌和亚硝酸菌的最短停留时间之间，则硝酸菌被自然淘汰，维持 HNO_2 的稳定积累，在荷兰已有 2 座利用该工艺兴建的污水处理厂。但由于需要将水温升高至 30~35℃，因此只对温度较高的污水脱氮有实际意义。另一种工艺是利用控制 DO 来实现 HNO_2 的积累，实现短程硝化快速脱氮，TN 的去除率可达 84%。目前短程硝化工艺，尚在研究中，实际工程应用尚待时日。

10.2　淹没安装射流曝气法

10.2.1　淹没安装射流曝气法

1. 射流曝气器与工作水泵的联动

射流曝气器淹没安装于曝气池内，可以用潜水泵或离心水泵作为工作水泵，凡水泵的扬程满足 8~12 m，流量满足所设射流曝气器的总流量需要，即可匹配联动。射流工作液体根据处理工艺要求可采用污水、曝气池内混合液或回流污泥。

2. 淹没安装的特点

（1）若以潜水泵作为工作水泵，可以最大限度地缩短连接管道长度，减小水头损失；

（2）射流曝气器可垂直安装或水平安装，工作压力与反压力均可保持恒定，射流曝气器工作性能稳定；

（3）潜水泵可以同时吸入部分原水、混合液及空气（即水、固、气三相）在射流曝气器中混合、切割、乳化传质，有利于强化生化过程。

3. 淹没安装射流曝气池计算举例

【例题 10-1】设计处理污水量为 10000 m³/d，污水主要水质指标：BOD_5 为 120 mg/L，TN 为 70 mg/L，平均水温 25℃，NH_3-N 为 40 mg/L，计算曝气池容积，所需射流曝气器台数及配套水泵型号、台数与总功率。

解：若采用传统活性污泥工艺，处理水达到一级 A 排放标准，即出水水质 $BOD_5 < 10$ mg/L，TN < 15 mg/L，NH_3-N < 5 mg/L，TP < 0.5 mg/L。

曝气池容积根据《室外排水设计规范》GB 50014—2006（2016 年版）6.6.11 式计算：

$$V_0 = \frac{Q(S_0 - S_e)}{1000 L_s X} \tag{10-18}$$

式中　V_0——曝气池有效容积，m³；

　　　S_0——污水 BOD_5 浓度，mg/L；

　　　S_e——处理水 BOD_5 浓度，达到一级 A 标准，即 $S_e \leqslant 10$ mg/L；

　　　Q——设计污水量，10000 m³/d=417 m³/h；

　　　L_s——污泥负荷，$kgBOD_5/(kgMLSS \cdot d)$，取 0.08；

　　　X——混合液悬浮固体浓度，取 3.5 g/L。

代入已知数值：

$$V_0 = \frac{Q(S_0 - S_e)}{1000 L_s X} = \frac{10000 \times (120 - 10)}{1000 \times 0.08 \times 4.5} = 3055.6 \text{m}^3$$

取 3100 m³。

水力停留时间为 7.2 h，有效水深取 4 m，表面面积：

$$A = \frac{V_0}{H} = \frac{3100}{4} = 775 \text{m}^2$$

曝气池需氧量计算：

$$R = O_2 = aQ(S_0 - S_e) + bX_v V_0 \tag{10-19}$$

式中　Q——处理污水量，m³/d；

　　　O_2——需氧量，kg O_2/d；

　　　a——活性污泥微生物分解 $1kgBOD_5$ 所需氧量，取 0.5 kg；

　　　b——内源呼吸微生物自身氧化的需氧量，取 0.1；

　　　X_v——混合液 MLVSS，mg/L，取 2000 mg/L。

V_0、S_0、S_e 同前。

将已知值代入式（10-19）得：

$$R = O_2 = 0.5 \times \frac{10000}{1000} \times (120 - 10) + 0.1 \times \frac{2000 \times 3100}{1000} = 1170 \text{kg O}_2/\text{d} = 48.75 \text{ kg O}_2/\text{h}$$

采用 MFJS-25 型射流器，性能为：工作压力为 8~12 m H$_2$O 柱，工作流量 25 m^3/h（见表 4-1），取吸气比为 1.2，每小时吸入的空气量为 25 m^3/h × 1.2=30 m^3/h，空气密度为 1.293 kg/m^3，吸入空气的质量为 30 × 1.293=38.94 kg/h。空气中含氧率为 21%，吸入空气中的含氧量为 38.94 × 0.21=8.18 kg/h，曝气池有效水深为 4 m，属浅池式，取氧的利用率 25%，则 MFSJ-25 型射流器的有效供氧量为 8.18 × 0.25=2.05 kg/h，共需配 MFSJ-25 型射流器 48.75/2.05=24.4 台，安全系数取 1.2，则实际所需 MFSJ-25 型射流器为 24.4 × 1.2=29.28 台，取 30 台。

若配用潜水泵为工作水泵，可选用 100WDQ80-15-7.5 型潜水泵 6 台（工作压力 15 m，工作流量 80 m^3/h，功率 7.5 kW），合计流量 6 × 80 m^3/h=480 m^3/h，功率 7.5 × 6=45 kW。每台潜水泵带 5 台 MFJS-25 型射流曝气器。

或选用 100WDQ65-15-5.5 型潜水泵 7 台（工作压力 15 m，工作流量 65 m^3/h，功率 5.5 kW），合计流量 7 × 65 m^3/h=455 m^3/h，功率 5.5 × 7=38.5 kW。

采用水下搅拌机，如 QJB380/1440-0.55-S 型水下搅拌机，则 24.8 kW/0.55 kW=45 台，均布于曝气池内。水下搅拌机的作用：当进入兼氧段与厌氧段时，不必供氧，水泵关停，开动水下搅拌机，使活性污泥维持悬浮状态。

10.2.2　合建式淹没安装射流曝气污水处理厂实例

1. 工艺流程

海南省某市合建式淹没安装射流曝气污水处理厂，处理规模为 5000 m^3/d，达一级 A 排放标准，处理工艺流程如图 10-6 所示。

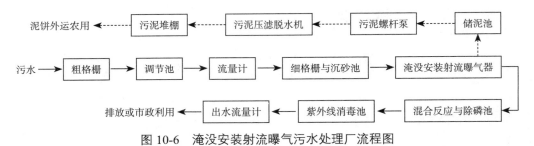

图 10-6　淹没安装射流曝气污水处理厂流程图

图 10-7 为污水处理厂总平面图，图 10-8 为污水处理厂高程示意图，图 10-9 为淹没安装射流曝气池剖面图。由于反硝化脱氮是在厌氧条件下完成，被活性污泥吸附的磷酸盐会被重新释放回水体，因此需要设化学除磷池。

除磷剂采用铝盐 PAC，除磷效果可达 90% 以上。

处理后的污水达到一级 A 排放标准，可供市政用水、农用灌溉。污泥经脱水干化后供农用。

2. 运行控制

合建式淹没安装射流曝气工艺集碳化与氨化（好氧段）、硝化（兼氧段）以及反硝化（厌氧段）于一体，因此需要用自动化程序控制，控制指标有两个：

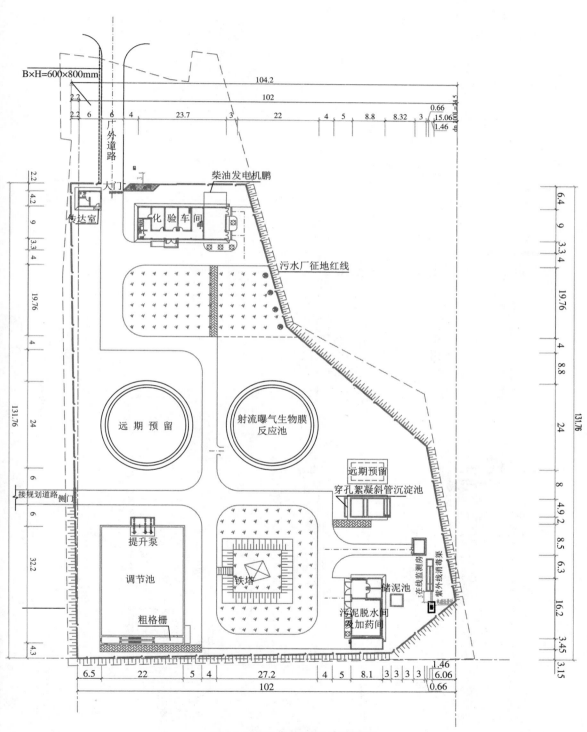

图 10-7 污水处理厂总平面图

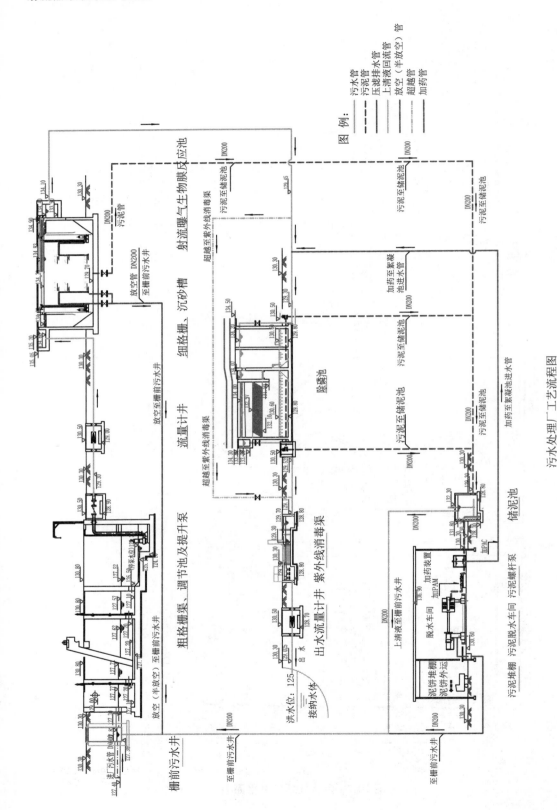

图 10-8　污水处理厂高程示意图

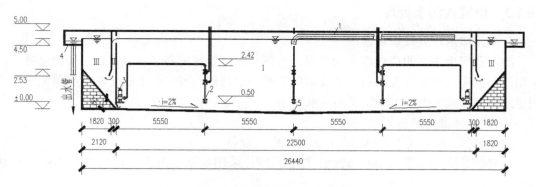

图 10-9 淹没式安装射流曝气池剖面图（圆形）

1）反应区内 DO 浓度控制

好氧段的 DO 浓度控制在 2.0~4.0 mg/L 之间，满足碳化与氨化反应以及好氧微生物生活环境的需要。

兼氧段的 DO 浓度控制在 0.7~2.0 mg/L 之间，满足硝化及兼性自养型微生物生活环境的需要。

厌氧段的 DO 浓度控制在 0~0.7 mg/L 之间，满足反硝化脱氮及兼性厌氧微生物生活环境的需要。

2）持续时间控制

好氧段持续时间 : 兼氧段持续时间 : 厌氧段持续时间 =3 : 2 : 1。根据例题 10-1 水力停留时间 t=7.2 h，则好氧段持续时间应为 3.6 h，兼氧段持续时间应为 2.4 h，厌氧段持续时间应为 1.2 h。

3. 处理效果与能耗指标

1）处理效果

处理效果见表 10-3。对照一级 A 排放标准，BOD_5、COD_{cr}、SS、TN、NH_3-N 等 5 项指标均已达到，TP 出水的平均值超标 0.02 mg/L，可以调整除磷剂的投加量加以解决。

2）电耗指标

按规模为 100 m^3/d 计算：

装机容量为：潜水泵 2 台，每台 1.1 kW，共 2.2kW。水下搅拌机 2 台功率为 0.55 kW，采用 3 : 2 : 1 运行模式，即潜水泵与水下搅拌机每天各开启 12 h，每天电耗为（以铭牌功率计）：

$2 \times （1.1+0.55） \times 12 = 39.6$ kW·h

每立方米水的电耗为 39.6/100=0.396 kW·h/m^3

实际电耗为 0.396 × 0.7=0.28 kW·h/m^3

2018 年的处理效果　　　　　　　　　　　　　　　表 10-3

COD_{cr} (mg/L)		BOD_5 (mg/L)		SS (mg/L)		NH_3-N (mg/L)		TP (mg/L)		TN (mg/L)		出水粪大肠菌群
进水	出水	进水	出水	进水	出水	进水	出水	进水	出水	进水	出水	
127~44	26~7	86.2~30.1	9.6~6.9	181~73	10.6~7.2	29.8~12.3	7.6~0.2	6.05~1.99	0.65~0.37	30.4~16.1	17.0~8.8	1700~630

注：进水 pH 6.8~7.22，水温 21.3~27.5℃，色度 64 度，出水色度 4 度。

10.2.3　组装式污水处理厂

1. 单元体污水处理设备

随着我国生态文明建设事业的发展，对污水净化处理的需要日益迫切，采用已被广泛应用的射流曝气技术开发出适用于乡镇的小型污水处理设备，可工业化制作成单元体并可用单元体拼装成大中型不同规模的污水处理厂。

1）单元体设备名称与规格

设备名称：合建式生物膜淹没安装射流曝气设备。

规格：以处理规模为 100 m³/d 作为单元体，采用树脂混凝土、玻璃钢或钢板工业化制作。

2）单元体工艺设计图

单元体由活性污泥生物反应区、导流区、沉淀区、反应絮凝区及除磷池组成，附属设备有除磷剂制配箱、自动化控制箱等，如图 10-10 所示。

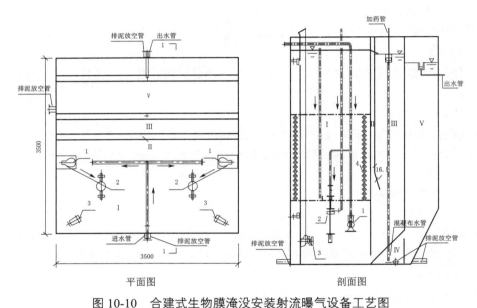

平面图　　　　　　　　　剖面图

图 10-10　合建式生物膜淹没安装射流曝气设备工艺图

1—潜水泵；2—射流曝气器；3—水下搅拌机；4—生物膜

Ⅰ—生物反应区；Ⅱ—导流区；Ⅲ—沉淀区；Ⅳ—混合反应区；Ⅴ—除磷沉淀池

2. 组装式污水处理厂

不同规模的城镇污水处理厂，可用单元体拼装组合而成，简便快速，施工期短，占地面积小，造价低，电耗省，可以实现自动化控制。

以 1000 m³/d 一组为例，可用 10 个 100 m³/d 的单元体拼装而成，如图 10-11 所示。

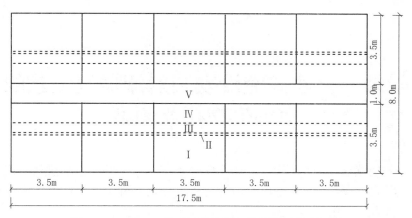

图 10-11 1000 m³/d 污水处理厂平面图（净尺寸）

Ⅰ—反应区；Ⅱ—导流区；Ⅲ—沉淀区；Ⅳ—除磷池；Ⅴ—出水渠与管廊

若污水处理厂规模为 1 万 m³/d 的污水处理厂，可用 10 组组装。

图 10-12 为由 4 个单元体（100 m³/d）拼装成的处理规模 400 m³/d 污水处理厂实景照片。

图 10-12 污水处理厂实景照片

附录 合建式淹没安装射流曝气工艺的指示生物相及图谱

以微生物作为指示生物的原因有两个：①体形远大于细菌，且易辨认，用低倍显微镜（100倍），即可清晰观察；②微生物的种类与数量变化，可快速地反映出活性污泥的培养与驯化程度，以及系统的运行工况。

原生动物与后生动物以混合液中的细碎有机物及游离的细菌、大肠杆菌、藻类为食，可使处理水更加清澈透明。

笔者在长达2年的时间内对合建式淹没安装射流曝气工艺的微生物进行了详细观察。将观察到的生物相列于附录，供参阅。

1. 处理过程出现的生物相

1) 活性污泥培养与驯化期

活性污泥培养初期存在大量变形虫，培养中期出现大量草履虫、喇叭虫、肉足虫，纤毛虫，是活性污泥培养驯化至成熟的重要指示生物。

2) 运行正常处理效果良好时期

游仆虫、表壳虫的出现是产生兼氧硝化段的标志。鞭毛虫、沟内管虫出现，标志着处理程度高、运行稳定、处理水质良好。

裂口虫、漫游虫是肉食虫性微生物，以鞭毛虫和小型纤毛虫为食，标志着活性污泥性质良好，处理程度稳定，水质好。

钟虫的大量出现并活跃，标志着工况运行稳定，水质良好。但如果发现钟虫呆滞，甚至死亡，标志着有毒物质入侵的可能。

累枝虫是固着型原生动物，特别喜食大肠杆菌。钟虫、轮虫、集盖虫同时出现时，运行工况稳定，处理水水质清澈透明。

辣毛虫、刺榴弹虫（又称板壳虫）以藻类、鞭毛虫、纤毛虫以及钟虫死体为主食，是处理水质良好的重要标志。

栉毛虫以草履虫为主食，可促进活性污泥絮凝沉降，避免草履虫过快繁殖。

盾纤虫的适应能很强，对化学物质极为敏感，也是水质良好的重要指标，但大量出现（如多于2000个/mL），会影响污泥的沉降性能。

独缩虫的数量如有显著增加，标志着处理水质良好、透明清澈。

在射流曝气混合液中出现的后生动物有五种：轮虫、线虫、寡毛虫、桡足虫与腹毛虫。

轮虫属杂食性，以游离细菌、霉菌、酵母菌、藻类、大肠杆菌及有机碎片为主食，是处理程度高的重要标志。若大量出现，营养不足，会自行转入内源呼吸，自我消耗。

线虫是兼性后生动物，单一生活，大量出现时处理程度可能会变差。

寡毛虫是活性污泥中体形最大的后生动物，以有机碎片的游离细菌为主食，出现的概率很低，是处理水质良好的标志。

桡足虫出现时是处理水质良好的标志，但出现的概率很低。

腹毛虫的分泌物有黏性，可促进污泥絮凝沉降，使水质清澈。

3）运行工况出现异常，处理效果下降时

当 DO 过低，BOD_5 负荷过低，营养不足，pH 降低时会出现丝状菌。

当 DO 过低，BOD_5 负荷过高时，污泥出现解体现象，出水水质下降，会出现跳侧滴虫、尾丝虫、波豆虫、豆形虫、肾形虫，出水 BOD_5 可能会超过 30 mg/L。

扭头虫的数量占优势时，处理水浑浊，处理水水质下降。

当粗袋鞭虫大量出现，标志着 DO 过高。

吸管虫的出现标志着污泥开始变质、老化或解体。

卑怯管叶虫的出现，是活性污泥趋于变质的重要标志。

斜管虫是活性污泥恢复期的重要指标。

2. 在射流曝气系统中出现的指示微生物图谱

1）原生动物图谱（附图 1~ 附图 33）

附图 1　丝状菌

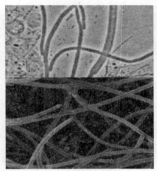

附图 2　发硫丝状菌

附图 3　变形虫

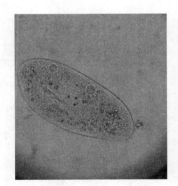

附图 4　草履虫

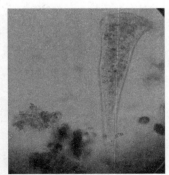

附图 5　喇叭虫

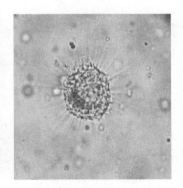

附图 6　太阳虫

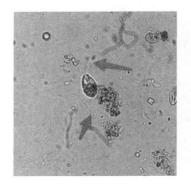

附图 7　跳侧滴虫

附图 8　波豆虫

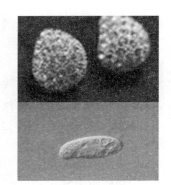

附图 9　豆形虫

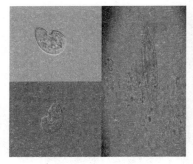

附图 10　肾形虫

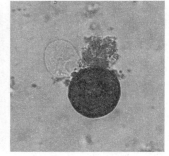

附图 11　表壳虫

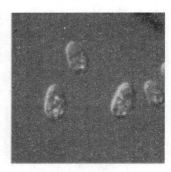

附图 12　尾丝虫

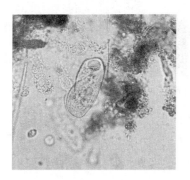

附图 13　扭头虫

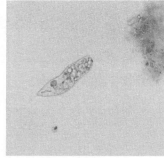

附图 14　粗袋鞭虫

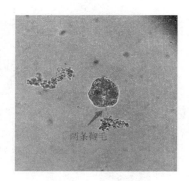

附图 15　沟内管虫

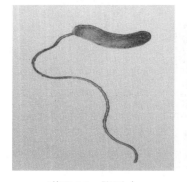

附图 16　鞭毛虫

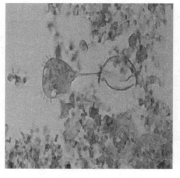

附图 17　吸管虫

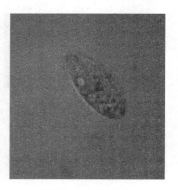

附图 18　尖毛虫

附图 19　漫游虫

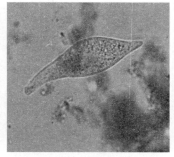

附图 20　裂口虫

附图 21　卑怯管叶虫

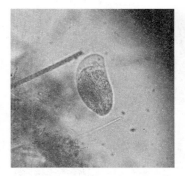

附图 22　斜管虫

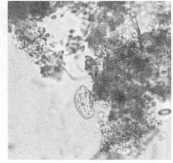

附图 23　游仆虫

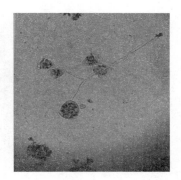

附图 24　钟虫

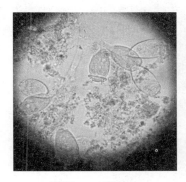

附图 25　累枝虫

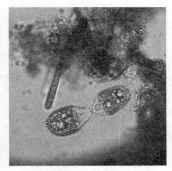

附图 26　刺榴弹虫

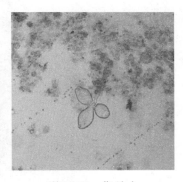

附图 27　集盖虫

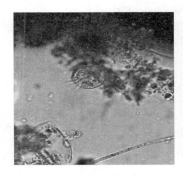

附图 28　盾纤虫

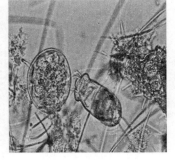

附图 29　纤毛虫

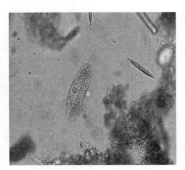

附图 30　棘尾虫

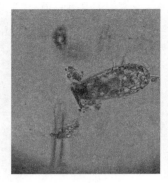

附图 31　独缩虫　　　　　　　　附图 32　鳞壳虫　　　　　　　　附图 33　长颈虫

2）后生动物图谱（附图 34~附图 38）

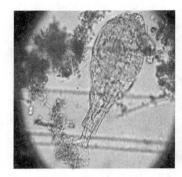

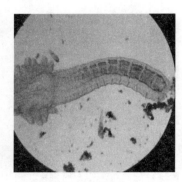

附图 34　轮虫　　　　　　　　附图 35　线虫　　　　　　　　附图 36　寡毛虫

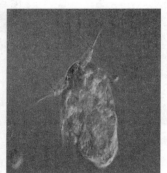

附图 37　腹毛虫　　　　　　　　附图 38　桡足虫

参考文献

[1] 曹蕊. 供气式低压射流曝气器与微孔曝气器性能的研究 [D]. 西安: 陕西科技大学, 2013.

[2] 陈福泰, 胡德智, 栾兆坤等, 射流曝气器研究进展 [J]. 环境污染治理技术与设备, 2002, 3 (2): 76-80

[3] 陈甘棠, 梁玉衡. 化学反应技术基础 [M]. 北京: 化工出版社, 1978.

[4] 陈剑. 射流曝气反应器运行特性及除污效能研究 [D]. 扬州: 扬州大学, 2011.

[5] 陈琳, 佘丽华, 顾玮等. 射流曝气在大型造纸污水处理厂中的应用 [J]. 工业水处理, 2009 (6).

[6] 陈颂原. 用脱氢酶评价活性污泥的理论与实践 [J]. 武汉城市建设学院学报, 1988 (1).

[7] 程胜利. 射流曝气系统在深水曝气池中的应用 [J]. 中国给水排水, 2012 (22): 75-79.

[8] 程文, 宋策, 周孝德. 曝气池中气液两相流的数值模拟与实验研究 [J]. 水利学报 2001 (12): 32-35

[9] 丁延国, 张建, 张旭. 污水射流曝气工艺技术在聚驱中的应用 [J]. 大庆石油地质与开发, 2003 (1): 50-56.

[10] 方明亮, 杨云龙, 翟家斌. 以造纸废水为主的某污水处理厂工艺设计 [J]. 中国给水排水 2013 (4): 32-34.

[11] 高远、岳晓勤. 浅析影响射流曝气的因素 [J]. 中国市政工程, 2002 (1): 49-50.

[12] 郭雪华, 喻健良. 高真空液—气射流泵的结构设计 [J]. 化工设计, 2000 (2): 20-22.

[13] 湖北省轻工业设计研究所, 武汉建材学院. 污水生化处理新型曝气装置——射流曝气器的试验研究报告 [R]. 1977.

[14] 贾惠文, 曹广斌, 蒋树义等. 基于 Fluent 的射流式增氧机增氧装置的数值模拟及试验研究 [J]. 大连海洋大学学报, 2011, 26 (3): 70-73.

[15] 江帆, 陈维平, 李元元. 基于射流与两相流的射流曝气器研究 [J]. 流体机械, 2005, 33 (6).

[16] 解清杰. 隐吸双喷厌氧生化传质规律 [D]. 武汉: 武汉城市建设学院, 1999.

[17] 金儒霖, 车武. 射流曝气法的评述 [J]. 建筑技术通讯 (给水排水), 1981 (1).

[18] 金儒霖, 刘金星. 异重流混合型射流曝气法的研究 [J]. 武汉建材学院学报, 1982 (2).

[19] 金儒霖. 射流曝气法研究 [J]. 武汉建材学院学报, 1981 (1).

[20] 金儒霖. 射流曝气活性污泥系统研究 [J]. 武汉建材学院学报, 1983 (3).

[21] 金儒霖. 射流曝气活性污泥系统研究 [J]. 武汉建材学院学报, 1983 (3) 35.

[22] 金儒霖主编. 污泥处置 [M]. 北京: 中国建筑工业出版社, 2017.

[23] 金锥同. 水 - 气射流泵的实验研究与设计方法 [J]. 建筑技术通讯, 1973 (12).

[24] 康勇烽. 自吸式自激振荡脉冲射流曝气器的实验研究 [D]. 重庆: 重庆大学, 2006.

[25] 李鹏鹏. 自吸式三支管射流曝气器数值模拟及试验研究 [D]. 杭州: 浙江理工大学, 2014.

[26] 李天璟, 高廷耀, 赵俊英. 联邦德国三大化工公司的废水生物处理 [J]. 化工环境, 1988, 8 (6): 345-347.

[27] 李燕城, 邱少强. 自吸式射流曝气器充氧性能研究 [J]. 建筑技术通讯 (给水排水) 1985 (1): 20-24.

[28] 梁卫东，汤日斌，杜刚 . 水解＋射流曝气＋煤渣吸附工艺处理酱油废水 [J]. 黑龙江环保通讯，2003（2）:47-48

[29] 刘俊超 . 制浆造纸废水生化处理系统曝气方式的选择 [J]. 中国造纸 ,2003,22（11）:34-37.

[30] 刘小芳 . 射流曝气器的一种改进设计方法 [J]. 应用能源技术 ,2008（6）.

[31] 刘永岑 . 城市污水处理和污水净化再利用 [J]. 西安市政工程管理局情报 ,1986（5）.

[32] 龙学军 . 隐吸双喷厌氧生化反应器两相混合流动模型 [D]. 武汉：武汉城市建设学院，1999.

[33] 陆宏圻 . 射流泵技术的理论与应用 [M]. 北京：水利电力出版社，1989.

[34] 马放，杨基先，魏利，等 . 环境微生物图谱 [M]. 北京：中国环境科学出版社，2010.

[35] 潘涛，邬扬善，王绍堂 . 三相生物流化床射流曝气器的研究与设计 [J]. 给水排水 ,1997,23（5）:11-15.

[36] 庞云芝，李秀金 . 水 - 空气引射式冰下深水增氧机的设计与性能研究 [J]. 农业工程学报，2003，19（3）:112-115.

[37] 秦永华 . 应用射流曝气处理成都东站货洗废水 [J]. 铁道劳动安全卫生与环保，2000（1）.

[38] 瞿永彬，俞庭康，沈燕云 . 射流曝气器充氧性能研究 [J]. 同济大学学报（自然科学版），1993（1）:129-133.

[39] 尚海涛 . 自吸式空心环流射流曝气器充氧性能研究（二）[D]. 西安：西安建筑科技大学，2000.

[40] 史鸿乐 . 自吸式射流曝气与鼓风曝气综合性能对比研究 [D]. 成都：西南交通大学，2005.

[41] 田杰，李少波，冯景伟 . 基于 CFD 的射流曝气器关键结构参数研究 [J]. 机械工程师，2011(8).

[42] 童新，周丽群，金晶等 . 医药中间体生产废水处理工艺改造实践 [J]. 中国环保产业，2017（10）：70-72.

[43] 王亮，乔寿锁 . 射流曝气技术及装置在污水处理领域的发展现状 [J]. 中国环境产业，2005（2）.

[44] 乌鲁木齐城建局科研所 . 城市污水异重流混合型射流曝气与鼓风曝气平行对比试验研究 [R].1985.

[45] 乌鲁木齐市城建局设计科研所 . 射流曝气与鼓风曝气平行对比试验 [R].1987.

[46] 吴世海 . 射流自吸式增氧机 [J]. 农业机械学报 ,2007,38（4）:88-92.

[47] 吴晓晖 . 城市污水厌氧生化反应、絮凝沉降动力学模型及参数 [D]. 武汉：武汉城市建设学院，2000.

[48] 武汉建材学院射流曝气课题组 . 射流曝气法译文集 [Z].1979.

[49] 许保玖 . 当代给水与废水处理原理讲义 [M]. 北京：清华大学出版社，1983.

[50] 姚萌，贺延龄 . 与射流曝气器充氧性能相关的一些因素 [J]. 工业水处理，2004（4）:74-76.

[51] 佚名 . 射流曝气活性污泥法处理禽兔加工废水生产性试验研究 [R]. 全国环保科技成果库 .

[52] 佚名 . 同济大学射流曝气活性污泥法的研究 III：曝气用射流器性能研究 [R].1979:1-37

[53] 张自杰，林荣枕，金儒霖 编 . 排水工程（下册）[M]. 第 5 版 . 北京：中国建筑工业出版社，2017.

[54] 章北平，冀玉山，孟宪奎 . 秦皇岛射流曝气污水处理厂工艺原理与运行 [J]. 中国给水排水，1990，6（2）.

[55] 章北平，童秀芳，熊启权，等 . 秦皇岛城市污水回用净化试验 [J]. 武汉城市建设学院学

报,1997,14（4）.

[56] 章北平.向心流二沉池的理论与试验研究——异重流混合型射流曝气系统研究之五 [J]. 武汉建材学院学报,1984（2）.

[57] 郑兴灿，尚巍，孙永利，等.城镇污水处理厂一级 A 稳定达标工艺流程分析与建议 [J] 给水排水，2009（5）:24-28

[58] 中华人民共和国建设部..室外排水设计规范 (2016 年版): GB 50014—2006[S]. 北京：中国计划出版社，2012.

[59] 钟鸣.射流曝气池混合研究——流动模型及其应用 [J]. 武汉城市建设学院学报，1987（3）.

[60] 周建来，邱白晶，郑铭.双侧吸气射流增氧机的增氧性能试验 [J].农业机械学报,2008(8):70-73.

[61] 周增炎.射流曝气活性污泥法处理城市污水的研究 [J]. 化工环保，1983（5）.

[62] 朱锦福,陈世和,徐迪民.射流曝气法活性污泥特性的探讨 [J]. 化工环保,1983(4):178-183.

[63] 朱谋溪.自吸式射流曝气器在中、小型氧化沟中的应用 [J]. 给水排水,1999(8):14-17.

[64] 塞恩费尔德，拉皮德思.化工过程数学模型理论 [M]. 南京：江苏科技出版社，1981.

[65] 郑圭实，邱熙摘译.原载日本《水》1978 年第 9.10.12 期及 1970 年第 1.3 期建筑技术通讯（给水排水）1980,6（2）45-49

[66] 株式会社西原环境.污水处理的生物相诊断 [M]. 赵庆祥，长英夫，译.北京：化学工业出版社，2012.

[67] Baylar A, Ozkan F. Applications of Venturi Principle to Water Aeration Systems [J]. Environmental Fluid Mechanics, 2006, 6（4）: 341-357.

[68] Benefield LD,Randall C W.Biological Process Design for Wastewater Treatment Prentice-Hall Inc.[R].The municipal administration of Zhenghou City, 1980.

[69] Chiang D,CholettoA.Performance of tanks in series for non - ideal mixing[J]. Canadian Journal of Chemical Engineering,1970,48:286-290.

[70] Harlow I F,Powers T J. Pollution Control at a Large Chemical Works[J].Industrial & Engineering Chemistry, 1947, 39（5）:572-580.

[71] Knudson M K,Williamson K J, Nelson P O.Influence of Dissolved Oxygen on Substrate utilization Kinetics of Activated Sludge[J]. Water Pollution Control Federation, 1982,54（1）:52-62.

[72] owen F W.Energy on wastewater Treaymant[R].U.S.A.1982

[73] Pawełczyk R, Pindur K.A dynamic method for dispersing gases in liquids [J]. Chemical Engineering and Processing: Process Intensification,1999,38（2）.

[74] Raghuraman J, Varma Y B G. A model for residence time distribution in multistage systems with cross-flow between active and dead regions[J]. Chemical Engineering Science ,1973,28（2）.

[75] Seggiu M. Floe size,Filament Length and Settling Propertiesofprototyge Activated Sludge plants[J].prog. wat.Tech,1980,12（3）:171-182.

[76] Sezgin M,JenkinsD, Parker D S. A Unified Theory of Filamentous Activated Sludge Bulking. Water Pollution Control Federation,1978,50（2）:363-381.

[77] Sezgin M. Variation of sludge volume index with activated sludge characteristics[J].Water Research,1982,16（1）:83-88.

[78] Toerber E D, et al. Greater Oxygen Transfer with Jet Aeration System[J].water&Sewage Works,1979.

[79] West R W. JEC aeration in activated sludge system[J].Journal, 1964, 41(10):1726-1736.

[80] Williamson K J,Nelson P O. Influence of Dissolved Oxygen on Activated Sludge Viability[J]. Water Pollution Control Federation, 1981,53(10):1533-1540.

[81] Willson G E. Proportioning and Hirate Mixing With Ejectors[M].